SPSS 完全活用法
データの入力と加工
第4版

酒井 麻衣子 著

東京図書

● 本書は IBM SPSS Statistics 24（Windows 版）を使用しています。

● SPSS 製品に関する問い合わせ先：
〒 103-8510 東京都中央区日本橋箱崎町 19-21
日本アイ・ビー・エム株式会社 アナリティクス事業部 SPSS 営業部
Tel. 03-5643-5500　　Fax. 03-3662-7461
URL http://www.ibm.com/spss/jp/

R ＜日本複製権センター委託出版物＞
本書を無断で複写複製（コピー）することは、著作権法上の例外を除き、禁じられています。本書をコピーされる場合は、事前に日本複製権センター（電話：03-3401-2382）の許諾を受けてください。

はじめに

　「データマイニング」という言葉が一般的に聞かれるようになってきたこの頃、SPSSは従来のアカデミック分野のみならず、ビジネスの分野にも裾野を広げつつあります。この本を手にとられた方の中にも、解決すべき課題のため、日々データと格闘している方が多くいらっしゃることと思います。

　本書は、データ解析ツール SPSS for Windows を完全活用していただけるよう、その特長を徹底的に生かす「データの入力と加工」の方法をまとめました。

　初めて SPSS を使う方にとってはもちろん、初心者以上のユーザーにとっても、「これがやりたかった！」「そんなこともできるの？」「こんなに簡単にできるなんて知らなかった」と何かひとつでも新しい発見があり、目の前のデータ解析にすぐ活用していただける内容となっていれば大変うれしく思います。

　おわりに、本書の執筆を勧めてくださいました鶴見大学助教授の石村貞夫先生、適切なアドバイスでご指導くださった東京図書の須藤静雄編集部長、高橋順子さんに、深く感謝の意を表します。また、いつも筆者を暖かく励まし見守ってくれる家族、友人、よき先輩であり同志である田部井明美さん、そして筆者をデータ解析の世界に導いてくださった職業心理学者の故 上坂武先生に、心より感謝いたします。

2001年5月

酒井　麻衣子

第4版にあたって

　このたび、SPSSの最新バージョン24に対応した改訂版を出版する運びとなりました。バージョン10で執筆した初版を上梓したのが2001年ですから、なんと本書が世に出てから15年以上も経ったことになります。

　その間にデータ解析の世界は驚くべきスピードで進化してきました。あらゆる分野で「ビッグデータ」や「データサイエンス」といったワードを見かけない日はないといっても過言ではないでしょう。アカデミック、ビジネスといった枠組みを超え、社会問題の解決にさえその活用が模索されるようになり、人々の生活と未来に深く関わるようになった現状には、大変感慨深いものがあります。

　その流れの中で、本書の果たせる役割は何でしょうか。

　どれだけ技術が進歩し、想像もつかないほどの大量データを自動的に取得でき、また分析できるようになっても、変わらず必要なこと……おそらくそれは、われわれ人間がきちんとデータに向き合い、確かめ、理解し、活かす道筋をつけることだと思います。そのステップは決して省くことはできません。本書を手に取ってくださった皆様は、きっとそんな姿勢で、それぞれの課題に立ち向かっていらっしゃることと思います。その課題の解決に、本書が少しでも役立つことができれば大変うれしく思います。

　第4版にあたり、執筆が思うように進まない筆者を、ときには静かに見守り、ときには叱咤激励し、そしてスケジュール遅延のしわ寄せを一身に引き受けつつ最後まで伴走してくださった東京図書編集部の宇佐美敦子さんに、この場をお借りして心から御礼を申し上げます。また、数々の締め切りに追われて昼も夜もないような生活をサポートしてくれた家族にも、心から感謝します。ありがとう。

2016年8月

酒井　麻衣子

CONTENTS

第1章　材料を考えましょう
― 適切なデータの形を知る

Section		
1	データの行と列	2
2	変数名のつけ方	10
3	入力する値	18
4	欠損値の設定	26
5	多重回答の入力形式	30
6	変数ビューの機能	39
7	シンタックスの機能	50

第2章　材料を仕入れましょう
― データを入力する

Section		
1	直接入力	56
2	度数データ	72
3	SPSS データ	76
4	EXCEL データ	81
5	テキスト形式のデータ	93
6	ODBC 経由の読み込み	107

第3章　材料を吟味しましょう
― データのクリーニング

Section 1	不正回答の処理	114
2	異常値や入力ミスの発見	118
3	不整合の発見	124
4	分析から除外すべきデータ	126

第4章　下ごしらえをしましょう
― データの加工

Section 1	変数の加工（基本）	**132**
	値を置き換える	134
	値をグループ化する	138
	値の数をヨコにカウントする	144
	計算する	146
	同じケース数のグループに分ける	148
	ケースに順位をつける	150
	連続した値に変換する	154
	欠損値に値を割り当てる	156
	時系列データを加工する	158
2	変数の加工（応用）	**160**
	単一の値の入った変数を作成する	160
	値を反転する	162
	フィルタ変数を作成する	164
	ダミー変数を作成する	165

	条件ごとに異なるグループ化をする	174
	条件ごとに異なる計算をする	175
	複数の変数を組み合わせて新しいグループを作る	176
3	**データファイルの加工**	**177**
	行と列を入れ換える	177
	グループごとに集計する	179
	重複ケースを特定する	183
	縦持ちデータを横持ちに変換する	185
4	**データファイルの結合**	**194**
	ケースを追加する	194
	変数を追加する	198
5	**便利な関数**	**205**
6	**日付と時刻のデータ加工**	**214**

第5章　これで準備は万全です
― データの整理と保存

Section 1	データの整理	**224**
	データビューをカスタマイズする	224
	変数ビューをカスタマイズする	228
	データを管理する	233
2	**データの保存**	**238**

Technic

項目	ページ
変数の表示方法（変数名か変数ラベルかなど）を変更する	12
シンプルな連番変数名のメリット	17
値の表示方法（値か値ラベルかなど）を変更する	20
2桁入力された西暦年の示す100年の範囲を設定する	25
カテゴリコード化変数から2分コード化変数を生成する	36
2分コード化形式のメリット	38
2つのデータセットの入力値を比較する	48
分析の過程をシンタックスとして保存する	53
ナビゲーション画面を非表示にする	57
変数定義のコマンドシンタックス	68
データ値をリストして変数定義を行う	70
異なるデータファイルの変数定義情報を適用する	71
[ケースの重み付け] のその他の利用方法	75
「最近使ったデータ」に表示するファイル数を変更する	80
EXCELでの変数名のつけ方のコツ	82
[旧→新] リストの設定を解除・変更する（[値の再割り当て] 手続き）	141
[変数の計算] 手続きで計算式を変数ラベルにする	147
グループの組み合わせごとに順位付けする（[ケースのランク付け] 手続き）	151
共通した連続値を割り当てる（[連続数への再割り当て] 手続き）	155
シンタックスの活用：異なる手続きを一度で済ませる	163
2つの変数の組み合わせでダミー変数を作成する	168
シンタックスの活用：同じ手続きはコピペする	170
シンタックスの活用：連番変数名のメリットを活かす	171
シンタックスの活用：計算はCOMPUTEで手早く済ます	172
再構成データウィザード	187
ファイル結合時に文字型変数の幅を合わせる	204
[新しいユーザー指定の属性] 手続きのシンタックス	231
他の便利な使い方（[ユーティリティ] メニューの [変数] ダイアログ）	234
[データファイル情報の表示] 手続きのシンタックス	234
[データファイルのコメント] 手続きのシンタックス	235
アンケートの自由記述回答の一覧表を作成する	237
データを保存するシンタックス	239
データセットをコピーする	243
データを複数に分割して保存する	244
SPSS ODBC ドライバの利用	245

使えるシンタックス一覧　247

参考文献　252

索引　253

●装幀　高橋　敦（LONGSCALE）

第1章
材料を考えましょう
適切なデータの形を知る

データ解析を料理にたとえるなら、データは食材そのものです。お店に買いに行く場合もあれば（アンケートデータ、実験データ、…）、冷蔵庫にあるものを使う場合もあります（POS データ、顧客データ、…）。

この章では、SPSS という調理ツールをフル活用するのに知っておきたいデータの決まりごとや、データ作りのコツなどを紹介します。

Section 1 データの行と列

SPSSではデータの行を「ケース」、列を「変数」と呼びます。

【図1.1.1 データエディタのデータビュー】

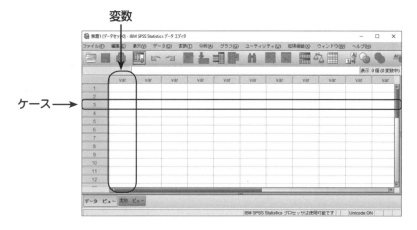

【図1.1.2 データエディタの変数ビュー】

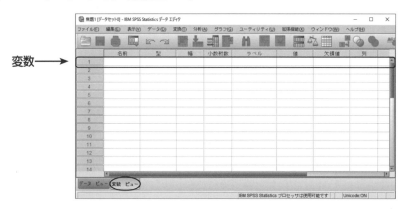

SPSSにはさまざまな解析手法が用意されていますが、すべての指定はこの「ケース」と「変数」によって行います。コンピュータは指定されたとおりに計算を実行しますが、データが行いたい解析手法に適した行列構造を持っていないと、うまく指定できなかったり、誤った結果が出力されてしまいます。

　SPSSにデータを入力する際には、扱うデータの何が「ケース」であり、何が「変数」であるかを見極めることが大切です。

ケース　分析に用いられる「単位」です。
　　　　　アンケート調査の実施対象、実験の測定対象、あるいは時系列データにおけるある1時点などです。

変　数　分析に用いられる「情報」です。
　　　　　1つの変数には、ケースに対する特定の同質の情報が含まれます。
　　　　　アンケート調査の質問項目、実験の測定内容、時系列データの観測内容などです。

　では、次ページから代表的な種類のデータ例（アンケートデータ・実験データ・時系列データ）を参考に、適切なデータ構造を確認しましょう。

アンケートデータ

■ 例1-1

来店したお客様に、性別・年齢・来店頻度を質問する簡単なアンケートを実施したところ、10名の回答が得られました。

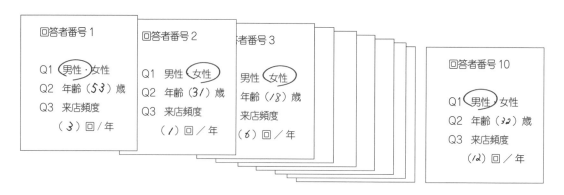

このデータの「ケース」と「変数」はそれぞれ何になるでしょうか？

お客様が分析の単位、性別・年齢・来店頻度がお客様についての情報ですから、10名のお客様が「ケース」、3つの質問が「変数」となります。データは図1.1.3のように入力します。

【図1.1.3】

	no	q1	q2	q3
1	1	男性	53	3
2	2	女性	31	1
3	3	女性	18	6
4	4	男性	25	5
5	5	男性	29	2
6	6	男性	44	3
7	7	女性	38	6
8	8	男性	32	6
9	9	女性	35	4
10	10	男性	32	12

その他にも、顧客管理データ、商品管理データ、地域情報データなどもこのような入力形式が適しています。それぞれ、「顧客」「商品」「地域」がケースとなります。

　ここで重要なのは、この形式の場合、特定の対象（ケース）に関するデータは必ず１行になっているということです。重複がないことでケースが一意の分析単位として成立し、正確な分析が可能になります。

☞ケースが重複する入力形式については時系列データの例１－５（９ページ）を参照

Attention

図 1.1.3 のような入力形式を俗に「横持ち」といいます。
分析を行うときに困るのが、横持ち形式が適切であるデータが「縦持ち」で入力されている場合です。たとえば、図 1.1.3 のデータを縦持ちで入力すると、図 1.1.4 のようになります。

【図 1.1.4】

	no	q	data
1	1	1	男性
2	2	1	女性
3	3	1	女性
4	4	1	男性
5	5	1	男性
6	6	1	男性
7	7	1	女性
8	8	1	男性
9	9	1	女性
10	10	1	男性
11	1	2	53
12	2	2	31
13	3	2	18
14	4	2	25
15	5	2	29
16	6	2	44
17	7	2	38
18	8	2	32
19	9	2	35
20	10	3	32
21	1	3	3
22	2	3	1
23	3	3	6

分析の単位であるケースが重複し、〔data〕という変数には異質な情報が混在しています。これでは分析はスムーズに行えません。

縦持ちデータは、情報が増えた場合に、列ではなく行をどんどん増やしていけばよいというメリットがありますが、分析のためには不適切です。大量のデータの蓄積を目的とするデータベースのなかには、このように分析に適さないデータ構造をしているものもあるようです。

実験データ

次のような実験結果があります。

■ 例 1 − 2

音 楽	あり		なし	
性 別	男	女	男	女
正答数	28	25	25	27
	25	29	26	26
	20	28	24	29
	18	28	25	28
	22	27	29	30
	25	24	21	26

簡単な計算問題を解答している間に音楽を流すグループと流さないグループに分け、さらに性別で正答数に差があるかどうかを調べるのが目的です。適切な解析手法は、対応のない二元配置の分散分析（☞ 参考文献［1］）となります。

このようなデータの場合、図 1.1.5 のように入力します。

【図 1.1.5】

	no	music	sex	true
1	1	1	1	28
2	2	1	1	25
3	3	1	1	20
4	4	1	1	18
5	5	1	1	22
6	6	1	1	25
7	7	1	2	25
8	8	1	2	29
9	9	1	2	28
10	10	1	2	28
11	11	1	2	27
12	12	1	2	24
13	13	0	1	25
14	14	0	1	26
15	15	0	1	24
16	16	0	1	25
17	17	0	1	29
18	18	0	1	21
19	19	0	2	27
20	20	0	2	26
21	21	0	2	29
22	22	0	2	28
23	23	0	2	30
24	24	0	2	26

24 名の被験者が「ケース」、音楽のあり・なし、性別、そして測定結果である正答数が「変数」となります。

では、次のようなデータの場合はどのように入力すればよいでしょうか？

■例 1 − 3

食事療法について定期的に指導を受けている患者とそうでない患者の、治療開始時・1年後・2年後の血圧のデータで、指導の効果があるかどうかを調べるのが目的です。適切な解析手法は、1要因に対応があり1要因に対応のない二元配置の分散分析（☞ 参考文献［1］）です。

指　導		あ　り			指　導		な　し		
測定時		開始時	1年後	2年後	測定時		開始時	1年後	2年後
血圧	A	175	150	145	血圧	F	186	178	180
	B	160	158	128		G	179	180	170
	C	163	160	161		H	190	168	157
	D	180	174	154		I	168	153	148
	E	192	178	156		J	160	148	145

このようなデータは図 1.1.6 のように入力します。

【図 1.1.6】

10名の患者が「ケース」、指導のある・なし、および血圧の3回の測定結果が「変数」となります。

Attention

実験データの場合、適用する解析手法が明確なことが多いので、SPSSでその手法を用いる際に適切なデータ構造を確認して入力しましょう。
また、集計済みの度数データを扱う場合については第2章 Section 2 度数データ（72ページ）を参照してください。

時系列データ

　ここでいう時系列データとは、ある対象について継続的あるいは断続的に観測された情報のことです。わかりやすい例としては、日々の株価の変動、毎年の人口の増減、あるいは毎月の売上合計の推移などが挙げられます。

　分析の目的によって異なりますが、一般的には時間の単位（年・月・日など）が「ケース」、対象について観測された情報が「変数」となります。

　いくつか例を見てみましょう。

■例1－4　大型小売店の品目別売上のデータ

【図1.1.7】

	month	shops	men	women	foods	gift
1	Aug 1999	3582	84197	280915	760355	45945
2	Sep 1999	3597	80209	310191	678207	45883
3	Oct 1999	3604	135601	412495	705330	48772
4	Nov 1999	3621	135795	372306	700234	46653
5	Dec 1999	3644	182904	417043	1106663	65440
6	Jan 2000	3641	140412	412100	698149	47112
7	Feb 2000	3633	91437	276789	665501	38347
8	Mar 2000	3632	103432	388024	690037	43627
9	Apr 2000	3641	111176	359803	673755	41777
10	May 2000	3659	114675	351857	680211	38803
11	Jun 2000	3663	125859	305331	704213	43552
12	Jul 2000	3679	121152	386721	867873	55726
13	Aug 2000	3682	72798	259321	747730	40326
14	Sep 2000	3685	73724	298702	668701	36262
15	Oct 2000	3698	127234	399019	695062	44501

〔month〕　　年月
〔shops〕　　商店数
〔men〕　　　紳士服の売上
〔women〕　　婦人服・子供服の売上
〔foods〕　　飲食料品の売上
〔gift〕　　　商品券の売上

■ 例1-5　店舗のPOSデータ

【図1.1.8】

	tran_no	idx_no	regi_no	date	shop_id	card_id	prdt_id	pay
1	103151	2	306	10-Sep-2016	431	284763	76203	19,699
2	103152	1	618	10-Sep-2016	723	66932	37451	4,930
3	103153	1	306	10-Sep-2016	431	310808	90715	556
4	103154	1	618	10-Sep-2016	723	337832	38378	3,680
5	103155	1	306	10-Sep-2016	431	243362	40247	8,480
6	103157	1	306	10-Sep-2016	431	9123190	1207268	1,480
7	103163	1	618	10-Sep-2016	723	7835447	37453	3,530
8	103167	3	618	10-Sep-2016	723	6735421	61182	9,799
9	103171	1	306	10-Sep-2016	431	88967	63890	12,799
10	103172	1	306	10-Sep-2016	431	7465424	180597	13,599
11	103174	1	618	10-Sep-2016	723	3678821	36020	8,980
12	103174	2	618	10-Sep-2016	723	3678821	127555	1,999
13	103182	2	306	10-Sep-2016	431	5967348	1100916	477
14	103396	2	313	10-Sep-2016	435	9670374	37451	4,930
15	103424	1	313	10-Sep-2016	435	4489300	1000144	2,199

〔tran_no〕　取引NO
〔idx_no〕　明細NO
〔regi_no〕　レジNO
〔date〕　売上年月日
〔shop_id〕　店舗ID
〔card_id〕　カードID
〔prdt_id〕　商品番号
〔pay〕　売上金額

Attention

このような「縦持ち」の売上データも、同時購買の傾向を探る分析（バスケット分析など）のように「顧客」に着目して分析したい場合には、各顧客をケースにした「横持ち」データに変換するのが基本です。

■ 例1-6　ホームページのアクセスログデータ

【図1.1.9】

	s_id	session	date	stay	url_id	ref_id	user_id
1	200011240362507	000a62aca6dd513c2b23c82bed54262620001124 00	11 25 2000 12:00...		20000184	99999999	500307017
2	200011240362511	000a62aca6dd513c2b23c82bed54262620001124 00	11 25 2000 12:00...		99999999	20000184	500329407
3	200011240362514	000a62aca6dd513c2b23c82bed54262620001124 00	11 25 2000 12:00...		20000055	99999999	500027720
4	200011240362522	000a62aca6dd513c2b23c82bed54262620001124 00	11 25 2000 12:00...		90000013	99999999	500395089
5	200011240362527	000a62aca6dd513c2b23c82bed54262620001124 00	11 25 2000 12:00...		99999999	20000001	500052009
6	200011240362530	000a62aca6dd513c2b23c82bed54262620001124 00	11 25 2000 12:00...		20000026	99999999	500343894
7	200011240362531	000a62aca6dd513c2b23c82bed54262620001124 00	11 25 2000 12:00...		20000108	20000108	500003342
8	200011240362536	000a62aca6dd513c2b23c82bed54262620001124 00	11 25 2000 12:00...		20000118	99999999	500036592
9	200011240362546	000a62aca6dd513c2b23c82bed54262620001124 00	11 25 2000 12:00...		20000173	99999999	500006546
10	200011240362554	000a62aca6dd513c2b23c82bed54262620001124 00	11 25 2000 12:00...		99999999	20000027	500293059
11	200011240362558	000a62aca6dd513c2b23c82bed54262620001124 00	11 25 2000 12:00...		99999999	99999999	500368864
12	200011240362587	000a62aca6dd513c2b23c82bed54262620001124 00	11 25 2000 12:00...		20000103	20000103	500424456
13	200011240362592	000a62aca6dd513c2b23c82bed54262620001124 00	11 25 2000 12:00...		99999999	20000184	500307017
14	200011240362598	000a62aca6dd513c2b23c82bed54262620001124 00	11 25 2000 12:00...		20000105	20000104	500392792
15	200011240362608	000a62aca6dd513c2b23c82bed54262620001124 00	11 25 2000 12:00...		20000103	20000008	500196782
16	200011240362611	000a62aca6dd513c2b23c82bed54262620001124 00	11 25 2000 12:00...		20000064	99999999	500001543
17	200011240362617	000a62aca6dd513c2b23c82bed54262620001124 00	11 25 2000 12:00...		20000001	20000008	500196782
18	200011240362626	000a62aca6dd513c2b23c82bed54262620001124 00	11 25 2000 12:00...		90000013	99999999	500001543
19	200011240362631	000a62aca6dd513c2b23c82bed54262620001124 00	11 25 2000 12:00...		99999999	99999999	500395089
20	200011240362646	000d360c090555277553ed3a56d89c9320001124 00	11 25 2000 12:00...		20000001	99999999	500052009
21	200011240362652	000d360c090555277553ed3a56d89c9320001124 00	11 25 2000 12:00...		20000201	20000198	500008182

〔s_id〕　シリアルID
〔session〕　セッションID
〔date〕　アクセス日時
〔stay〕　滞留時間
〔url_id〕　URL
〔ref_id〕　REF_URL
〔user_id〕　顧客番号

Section 2 変数名のつけ方

　SPSSでは変数の名前のことを「変数名」と呼び、それぞれに「変数ラベル」という解説をつけることができます。この2つを使い分け、上手に「変数名」をつけることで、その後のデータ解析の効率を飛躍的にアップさせることができます。

☞ 設定方法の詳細は Section 6（39 ページ）を参照

まずは、「変数名」と「変数ラベル」の約束ごとを確認しましょう。

変数名

① 最大文字数は、半角で 64 文字（全角では 32 文字）です。

② 1つのデータファイル内で変数名は重複してはいけません。

③ 内部的に大文字と小文字は区別されません。
　　ただし、データエディタの表記上は区別できます。
　　Age と age と AGE は内部的には同じ変数名とみなされ同時使用はできませんが、表記はどれも有効です。

④ 変数名は文字から始まらなければなりません。
　　数字（全角、半角とも）で始まる変数名はつけられません。
　　変数の先頭の文字に #，$ は使用できません。

⑤ 予約キーワードは変数名として使用できません。
　　予約キーワード：ALL, AND, BY, EQ, GE, GT, LE, LT, NE, NOT,
　　　　　　　　　OR, TO, WITH

⑥ 変数名はピリオドで終わることはできません。

⑦ 空白と特殊文字（半角の！？，＊など）は使用できません。

　　✎ ②④⑤⑥⑦については規則に沿わないと警告が出ます。

変数ラベル 最大文字数は半角で 256 文字（全角では 128 文字）です。

たとえば、図1.1.3（4ページ）のデータの場合、次のように変数名と変数ラベルがついています。

変数名	変数ラベル
no	回答者番号
q1	性別
q2	年齢
q3	来店頻度（回／年）

すると、ダイアログボックスでは**変数ラベル［変数名］**と表示されます（図1.2.1）。

【図1.2.1】

出力結果では図1.2.2のように変数ラベルが表示されます。

【図1.2.2】

		度数	パーセント	有効パーセント	累積パーセント
有効	男性	6	60.0	60.0	60.0
	女性	4	40.0	40.0	100.0
	合計	10	100.0	100.0	

つまり、表やグラフなど出力結果に表示したい内容を変数ラベルに設定しておけばよいのです。

Technic 変数の表示方法（変数名か変数ラベルかなど）を変更する

[編集] メニューの [オプション] で変更することができます。

■ダイアログボックスの変数リスト表示方法の変更

▼ [全般] タブ左上の [変数リスト]

[ラベルを表示] ☛ デフォルトの設定（SPSS インストール時の初期設定）です。図 1.2.1 のように表示されます。

[名前を表示] ☛ 以下のように変数名のみが表示されます。

また、表示順序については以下の 3 つが選択できます。

[アルファベット順] ☛ [ラベルを表示] を選んでいる場合は変数ラベルの文字順で、[名前を表示] を選んでいる場合は変数名の文字順でリストされます。

[ファイル] ☛ デフォルトの設定です。データエディタ上の変数の順番で表示されます。

[測定の尺度] ☛ 変数ビューの [尺度] の設定に基づき、[名義][順序][スケール] の順番で表示されます。

■出力結果の変数の表示方法の変更

▼ [出力] タブ左下の [ピボットテーブルのラベル付け] / [ラベル中の変数の表示]

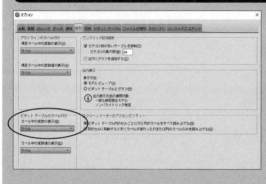

[ラベル] ☛ デフォルトの設定です。図 1.2.2 のように変数ラベルが表示されます。

[名前] ☛ 変数名が表示されます。

[名前とラベル] ☛ 以下のように変数名と変数ラベルの両方が表示されます。

		度数	パーセント	有効パーセント	累積パーセント
有効	男性	6	60.0	60.0	60.0
	女性	4	40.0	40.0	100.0
	合計	10	100.0	100.0	

（表頭に q1 性別）

SPSSを使いこなすための「変数名」と「変数ラベル」の使い分けの鉄則は、

「変数名はシンプルな半角英数字で、変数ラベルには内容を！」

です。Ver.13以降からは、それまでの半角8文字までという制限が半角64文字にまで拡張され、比較的長い変数名を付けることが可能になっています。たとえば図1.1.3（4ページ）のデータの場合、変数名に〔性別〕、〔年齢〕、〔来店頻度（回／月）〕などとつけてもよさそうです。

　しかし、変数名にシンプルな半角英数字の使用をおすすめするのは、この本の随所で紹介するシンタックスを、効率的にミスなく実行するためです。

　変数名のつけ方のコツは、以下の3つです。

Point 1 〔頭文字＋連番〕を用いる

頭文字＋連番というのは、次のようなものです。

q1, q2, q3, …
f1, f2, f3, …
q1_1, q1_2, q1_3, …

これは、同一頭文字の連番の変数名を持っていると、シンタックス上で同じ加工を行う場合に効率よく複数の変数の指定が行えるためです。また、同一の頭文字を使うことで、同じ質問群であることがわかりやすくなります。

Point 2 できるだけ少ない文字数にする

一部のメニューでは元の変数名に下線と連番をつけて新しい変数が自動作成されます。変数を加工するときにも元の変数名にわかりやすい文字や連番をつけていくので、できるだけ少ない文字数にしておきましょう。

Point 3 〔頭文字＋連番〕を用いない場合は、全角文字を使用せず半角英数字のみの名前とする

変数名に全角英数字を使っていると、データエディタ上では全角なのか半角なのかの区別がつきにくく、シンタックス上で変数名を間違って入力することがあります。漢字ひらがなを用いる場合も、全角半角の切り替え忘れによってシンタックスに全角の空白を入力してしまい、エラーの原因となる危険性があります。

では、例を見ながら、変数名のつけ方のコツを押さえましょう。

■ 例1-7　中学生へのアンケートデータ

回答日（20　）年（　）月（　）日 ……………………………… ①
性別　男・女 …………………………………………………………… ②
学年　中学（　）年 …………………………………………………… ③

1日の平均睡眠時間は？（　）時間 …………………………………… ④
ひと月のおこづかいは？（　　　）円／月 …………………………… ⑤
塾に通っていますか？　はい・いいえ ………………………………… ⑥
　　⇒「はい」と答えた人
週に何日通っていますか？（　）日／週 ……………………………… ⑦

どの程度好きですか？

	まったく 好きでは ない	あまり 好きでは ない	どちら でもない	やや好き	とても 好き	
授業	1	2	3	4	5	…… ⑧
部活	1	2	3	4	5	…… ⑨
塾	1	2	3	4	5	…… ⑩

どの程度大切ですか？

	まったく 大切では ない	あまり 大切では ない	どちら でもない	やや大切	とても 大切	
家族	1	2	3	4	5	…… ⑪
友達	1	2	3	4	5	…… ⑫
先生	1	2	3	4	5	…… ⑬

好きな教科は？（いくつでも可）　　　　　　　　　　　　　⑭
　　　英語　　数学　　国語　　社会　　理科　　体育
　　　美術　　技術家庭

①②③は、質問紙のフェイスシートにあたる項目です。わかりやすく

   ① 〔date〕
   ② 〔sex〕
   ③ 〔grade〕

とつけてもよいですし、項目数が多い場合は、

   ① 〔f1〕
   ② 〔f2〕
   ③ 〔f3〕

とつけてもよいでしょう(「f」はFacesheetの「f」です)。

④⑤⑥はそれぞれ独立した質問項目なので、

   ④ 〔q1〕
   ⑤ 〔q2〕
   ⑥ 〔q3〕

とします(「q」はQuestionの「q」です)。

⑦は⑥のサブクエスチョンなので、

   ⑦ 〔q3_s〕

とします。
 (複数ある場合は、〔q3_s1〕〔q3_s2〕…とします)

⑧⑨⑩と⑪⑫⑬はそれぞれ「どの程度好きか」「どの程度大切か」についてのひとかたまりの項目なので、

   ⑧ 〔q4_1〕
   ⑨ 〔q4_2〕
   ⑩ 〔q4_3〕
   ⑪ 〔q5_1〕
   ⑫ 〔q5_2〕
   ⑬ 〔q5_3〕

とします。

⑭は多重回答の項目なので、8つの科目をそれぞれ変数とし、変数名を

   ⑭ 〔q6_1〕〔q6_2〕〔q6_3〕〔q6_4〕〔q6_5〕〔q6_6〕〔q6_7〕〔q6_8〕

とします。
       ☞ 多重回答の入力方法についてはSection 5(30ページ)を参照

例1-8　レストランチェーンのアルバイトの勤務データ

① アルバイトの管理番号
② 勤務店舗
③ 第1週の合計勤務時間
④ 第2週の合計勤務時間
⑤ 第3週の合計勤務時間
⑥ 第4週の合計勤務時間

①②は単独で意味を持つので、
　　① 〔id〕　　② 〔shop〕
のように、半角英数字で変数名をつけます。

③④⑤⑥はひとかたまりの項目なので、
　　③ 〔w1〕　④ 〔w2〕　⑤ 〔w3〕　⑥ 〔w4〕
と、weekのwを頭文字として連番をつけます。

以上の例に見られる変数名のつけ方のポイントをまとめると……

Point 1　それぞれの項目が独立している場合
　　セクションごとに頭文字をつけ、そのセクションに属する項目に連番をつける。
　　（f1, f2, f3, …　q1, q2, q3, …　w1, w2, w3, … など）

Point 2　項目が独立していて、かつ固有の意味を持つ場合
　　〔頭文字+連番〕とするか、半角英数字でわかりやすい変数名をつける。
　　（sex, grade, shop など）

Point 3　いくつかの項目が群をなしている場合
　　〔頭文字+連番〕の後ろに下線と連番をつける。（q4_1, q4_2, q4_3, … など）
　　サブクエスチョンの場合は、下線と連番の間にわかりやすくsをつける。
　　（q3_s1, q3_s2, … など）

✎「_」（下線）はshiftキーを押しながら〔ろ〕のキーを押すと入力できます。

Attention

新しい変数を作成する場合も、これらのポイントに沿って名前をつけましょう。
たとえば年齢の変数〔f2〕を10歳刻みでカテゴリ化した変数ならば〔f2_c10〕、5歳刻みなら〔f2_c5〕といった感じです（Categoryのcに刻みの単位を表す数字をつけています）。
どういった頭文字や連番・数字をつけるかは自由です。このSectionで紹介したのは、筆者がこれまでデータを扱う中で「わかりやすい」と思えた1つの例です。自分なりのルールを見つけていきましょう。異なるデータファイルにも統一性が出て、わかりやすさや作業の能率がアップすると思います。

Technic シンプルな連番変数名のメリット

たとえば、例1-7（14ページ）の次の項目の結果を、図1.2.3のように入力しました。

> 好きな教科は？（いくつでも可）
> 英語　数学　国語　社会　理科　体育
> 美術　技術家庭

【図1.2.3】

それぞれの科目について、選んでいれば「1」、選んでいなければ「0」を入力しています。

ここで、小数桁数が2桁になっている「.00」を「0」、「1.00」を「1」に変更したいと思ったとき、シンタックスでは次のように書かなくてはなりません。

☞ シンタックスについては Section 7（50ページ）を参照

```
FORMATS 英語 数学 国語 社会 理科 体育 美術 技術家庭 (F8.0).
```

8つも変数名を入力するだけでなく、変数名と変数名の間は半角のスペースで区切らなくてはならないので、日本語入力して半角でスペースを入れて……と繰り返すのもなかなか大変です。

でも、左の図のように変数名を入力していれば……

```
FORMATS q6_1 TO q6_8
(F8.0).
```

と書くだけで済んでしまいます！

Section 3 入力する値

　SPSS ではセルに入力する数字や文字を「値(あたい)」と呼び、それぞれに「値(あたい) ラベル」という解説をつけることができます。「値」と「値ラベル」の関係は、Section 2 の「変数」と「変数ラベル」の関係と同じです。

　「値」には種類があり、それを「データ型」と呼びます。データ型には大きく分けて数値型と文字型があります。SPSS では次のような設定項目があります。

☞ 設定方法の詳細は Section 6（39 ページ）を参照

■ 数値　　例）**123456.00**

　数値型のデフォルトの表記方法で、小数点以下 2 桁まで表示されます。

■ カンマ　例）**123,456.00**

　数値型の表記方法の 1 つ。3 桁ごとにカンマで区切ります。小数部の区切り文字はピリオドです。

■ ドット　例）**123.456,00**

　数値型の表記方法の 1 つ。3 桁ごとにピリオドで区切ります。小数部の区切り文字はカンマです。

■ 科学的表記法

　数値型の表記方法の 1 つ。**1.53E+06**、**1.26E-03** などと表記され、E のあとの符号と数字が 10 のべき乗のべき指数を表します。**1.53E+06** は「$1.53 \times 10^6 = 1530000$」を、**1.26E-03** は「$1.26 \times 10^{-3} = 0.00126$」を意味します。

- **日付　　例）04/30/2000　15-JAN-99　15:30:26**

  日付や時間の表記方法で、数値型の1つです。内部的には日付は1582年10月14日からの秒数として、時間は秒数として保存されます。

  > ✎ 2桁で入力された年が示す100年の範囲は、デフォルトでは、現在年の69年前から30年後までとなります。この範囲は [編集] メニューの [オプション] の [データ] タブで変更できます（☞ 25ページのTechnic参照）。

- **ドル記号（$）　　例）$123,456.00**

  通貨の表記方法の1つ。ドル記号とともに、3桁ごとにカンマで区切り、小数部の区切り文字はピリオドで表示されます。

- **通貨フォーマット　　例）¥123,456-**

  ユーザーが設定した通貨のフォーマットで表記されます。

- **文字列　　例）男　東京都**

  文字が表示されます。文字の幅は半角で32,767文字までです。大文字と小文字は区別されます。

  > ✎ 文字型の変数をそのまま計算に使用することはできません（数字を入力しても文字として認識されます）。

- **制限付き数値　　例）002　001045**

  負でない整数について、変数の最大幅に合わせて、先頭に「0」が埋め込まれます。

1つの変数に入力される値は同じデータ型を持ちます。

メニューによっては特定のデータ型の変数しか受けつけない場合がありますし、正しくデータ型が設定されていないと、出したい結果が出せないことがあります。データの内容と目的に沿ったデータ型を設定することが大切です。

また、値ラベルの約束ごとは次のとおりです。

値ラベル 最大文字数は半角で 120 文字（全角では 60 文字）です（Ver.14 以降より）。

✎ 半角 8 文字を超える長い文字型変数の値には値ラベルをつけることはできないという制限は、Ver.16 からなくなりました。

たとえば、図 1.1.3（4 ページ）の変数〔q1〕の場合、次のようにデータ型と値ラベルが設定されています。

変数名	変数ラベル	データ型	値	値ラベル
q1	性別	数値	1	男性
			2	女性

すると、出力結果では図 1.3.1 のように値ラベルが表示されます。

【図 1.3.1】

性別

		度数	パーセント	有効パーセント	累積パーセント
有効	男性	6	60.0	60.0	60.0
	女性	4	40.0	40.0	100.0
	合計	10	100.0	100.0	

Technic 値の表示方法（値か値ラベルかなど）を変更する

［編集］メニューの［オプション］で変更することができます。

▼［出力］タブ左下の［ピボットテーブルのラベル付け］／［ラベル中の変数値の表示］

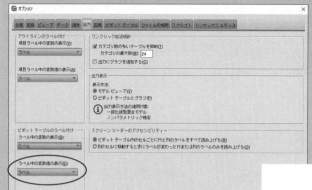

［ラベル］☞ デフォルトの設定です。図 1.3.1 のように値ラベルが表示されます。

［値］☞ 値が表示されます。

［値とラベル］☞ 以下のように値と値ラベルの両方が表示されます。

q1 性別

		度数	パーセント	有効パーセント	累積パーセント
有効	1 男性	6	60.0	60.0	60.0
	2 女性	4	40.0	40.0	100.0
	合計	10	100.0	100.0	

値の入力のコツは、以下の2つです。

Point 1　できるだけ数値型にする

氏名や自由回答のコメントなどコード化することが難しいものを除いて、カテゴリ値もできるだけ数値型で入力します。

例）はい＝1，いいえ＝0
　　高＝3，中＝2，低＝1
　　北海道＝1，青森県＝2，…，沖縄県＝47

文字型変数を受けつけないメニューがありますし、入力に時間がかかる、入力ミスをしやすいなど、文字型入力のメリットはあまりありません。

Point 2　必ず値ラベルをつけておく

カテゴリ値を数値型で入力した場合は特に、カテゴリ値の内容を値ラベルとしてつけておきます。
あとでどのカテゴリがどの数値に対応するかわからなくなってしまっては、データの信頼性が損なわれてしまいます。
また、値ラベルをつけることで、出力結果にカテゴリ値の内容を表示することができます。

では、値と値ラベルをどう入力すればよいのか、例を見て確認しましょう。

■ 例1−9　中学生へのアンケートデータ

　　回答日（20　）年（　）月（　）日 ……………………… ①
　　性別　男・女 ……………………………………………… ②
　　学年　中学（　）年 ……………………………………… ③

　　1日の平均睡眠時間は？（　）時間 …………………… ④
　　ひと月のおこづかいは？（　　　）円／月 …………… ⑤
　　塾に通っていますか？　はい・いいえ ………………… ⑥
　　　⇒「はい」と答えた人
　　週に何日通っていますか？（　）日／週 ……………… ⑦

　　どの程度好きですか？

	まったく 好きでは ない	あまり 好きでは ない	どちら でもない	やや好き	とても 好き	
授業	1	2	3	4	5	⑧
部活	1	2	3	4	5	⑨
塾	1	2	3	4	5	⑩

　　どの程度大切ですか？

	まったく 大切では ない	あまり 大切では ない	どちら でもない	やや大切	とても 大切	
家族	1	2	3	4	5	⑪
友達	1	2	3	4	5	⑫
先生	1	2	3	4	5	⑬

　　好きな教科は？（いくつでも可） ……………………… ⑭
　　　　英語　　数学　　国語　　社会　　理科　　体育
　　　　美術　　技術家庭

　　今いちばんしたいことを自由に書いてください。 …… ⑮
　　（　　　　　　　　　　　　　　　　　　　　　　）

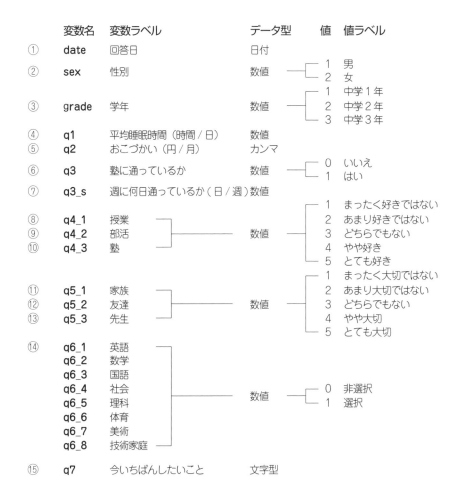

　①の西暦年は下2桁とせず必ず4桁で入力しましょう。年号による入力も避けます。

　④⑤⑦のように、入力した数値の単位は変数ラベルに明記しておきましょう。

　⑤は数値でも通貨フォーマットでも構いません。出力に表示したい形式を選びます。

　⑧〜⑭の「どの程度好きか」「どの程度大切か」「好きな教科」という質問内容は、多重回答の設定で多重回答グループのラベルとしてつけます。　☞ 多重回答の入力方法については Section 5（30ページ）を参照

☞ 多重回答変数の変数ラベルの付け方については63ページを参照

　⑮のような自由回答についても、回答の種類がいくつかに分けられるようであれば、コード化した変数も合わせて作成しておきましょう。他のデータと絡めて分析に使用できるようになります。

ここで、カテゴリ値に数値を割り当てる際のポイントをまとめます。

Point 1 「はい－いいえ」「選択－非選択」といった「ある－なし」の2値をとる場合は「1－0」を割り当てる

最適尺度法など一部のメニューでは、1から始まるカテゴリコードしか受けつけません。あらかじめそれらの手法を用いることがわかっているときは「1－2」を割り当てておくか、[連続数への再割り当て]メニューで1から始まるカテゴリコードを持つ新変数に変換します。

☞ [連続数への再割り当て]メニューの使用方法については第4章 Section 1（154 ページ）を参照

Point 2 上記以外のカテゴリ値の場合は「1」から始まる連続した整数値を割り当てる

カテゴリ値の場合必ずしも数値が連続していなくてもよいのですが、カテゴリコードの範囲を指定して実行するようなメニューでは実行速度が落ちる原因となります。

Point 3 表やグラフで表示させたい順に数値を昇順に割り当てる

多くのメニューでは、入力された数値の昇順で表やグラフにカテゴリ値が表示されます。表示させたい順番がある場合は、その順に「1」から数値を割り当てておくと便利です。あるいは、[値の再割り当て]（同一の変数／他の変数への）メニューで後からカテゴリコードを割り当てなおすこともできます。

☞ [値の再割り当て]メニューの使用方法は第4章 Section 1（136 ページ）を参照

たとえば……**1＝事務職 2＝管理職 3＝営業職** と入力していると図 1.3.2 のように、**1＝管理職 2＝営業職 3＝事務職** と入力していると図 1.3.3 のように表示されます。

【図 1.3.2】

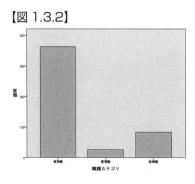

【図 1.3.3】

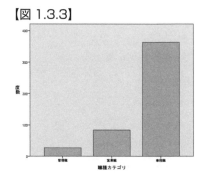

Point 4 「まったく思わない〜すごく思う」「高・中・低」のように値が方向性や順序を持つ場合は、強い方向に大きな数値を割り当てる

「値が大きくなるほどその傾向が強い」というルールを持っているとわかりやすいですね。また回帰分析や因子分析など多くの分析結果の解釈は、値の方向性に左右されます。解釈を正確に行うためにも、常に方向性を意識して入力するようにしましょう。

Technic 2桁入力された西暦年の示す100年の範囲を設定する

[編集] メニューの [オプション] で設定することができます。

▼[データ]タブの右側[2桁の年数をとる西暦範囲の設定]

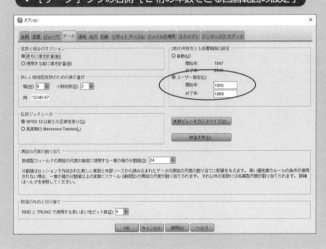

[ユーザー指定]の[開始年]に100年の範囲の始まりとしたい年を入力します。

Attention

入力する年の範囲が100年以内に収まる場合は2桁で入力しても問題ありませんが、100年を超える場合は4桁で入力しなければ正しく認識されません。1910年のつもりが2010年と認識されるといったことが起こりますので、注意が必要です。また、SPSSでは日本の年号による年はサポートされていないので、日付のデータを計算などに使用したい場合は、必ず西暦年で入力しましょう。

Section 4　欠損値の設定

　欠損値とは、データがないこと、あるいは有効でない値のことを意味します。通常は分析に含まない値です。

　SPSSには、「システム欠損値」と「ユーザー指定の欠損値」という2種類の欠損値があります。数値型変数の場合、セルにデータがない場合「システム欠損値」として認識され、データエディタには「.」（ピリオド）が表示されます。

　それ以外に、ユーザーが明示的にある値を欠損値として設定した場合、「ユーザー指定の欠損値」として扱われます。度数分布表やグラフなどでは欠損値グループが表示されますが、どちらの欠損値も統計的な処理からは除外されます。

　「システム欠損値」と「ユーザー指定の欠損値」の使い分けについて考えてみましょう。「システム欠損値」は「データがない」ということを意味するだけです。

　しかし特にアンケートデータなどにおいては、同じ「データがない」場合でも「回答しない」「回答しなくてよいので回答がない」「回答したが不正な回答である」など、異なった意味を持つことが考えられ、分析上これらを区別することが必要になる場合があります。

　こういった異なる意味を持つ欠損値をそれぞれ「ユーザー指定の欠損値」として設定することで、欠損値として分析から除外すると同時に「欠損の意味」という情報を保持することが可能になります。

　また、「システム欠損値」は数値型変数のみに適用されるので、文字型変数において欠損値を指定したい場合（たとえば空白など）は、「ユーザー指定の欠損値」を設定する必要があります。

　では、どのようなデータに「システム欠損値」や「ユーザー指定の欠損値」を割り当てればよいのか、例を見ながら確認してみましょう。

■ 例1-10　中学生へのアンケートの回答

Aさん
〔q1〕1日の平均睡眠時間は？（ 8 ）時間
〔q2〕ひと月のおこづかいは？（ 0 ）円／月
〔q3〕塾に通っていますか？ ㊀はい いいえ
　　　⇒「はい」と答えた人
〔q3_s〕週に何日通っていますか？（　）日／週

B君
〔q1〕1日の平均睡眠時間は？（ 0 ）時間
〔q2〕ひと月のおこづかいは？（ 5000 ）円／月
〔q3〕塾に通っていますか？ はい ㊀いいえ
　　　⇒「はい」と答えた人
〔q3_s〕週に何日通っていますか？（　）日／週

Cさん
〔q1〕1日の平均睡眠時間は？（　）時間
〔q2〕ひと月のおこづかいは？（ 8000 ）円／月
〔q3〕塾に通っていますか？ はい ㊀いいえ
　　　⇒「はい」と答えた人
〔q3_s〕週に何日通っていますか？（ 1 ）日／週

　〔q1〕は時間を扱う数値型変数です。B君の0時間という回答は常識的に考えて不正な回答ですので、「−1」など有効な値と重複しない値を入力し、不正回答を表すユーザー指定の欠損値として設定します。Cさんの無回答はシステム欠損値として扱うとよいでしょう。

　〔q2〕は金額を扱う数値型変数です。上の3人のデータはすべて有効ですので、そのまま入力します。無回答や不正な回答があった場合は **q1** と同様に対応します。

　〔q3_s〕は q3 に「はい」と回答した人だけに対するサブクエスチョンです。Aさんの場合、「はい」と回答していますが q3_s に記入がありませんから、「無回答」となります。B君は「いいえ」なので記入する必要がありませんから、「非該当」となります。Cさんの場合、「いいえ」と回答しているにも関わらず q3_s に記入しています。以前塾に通っていたときの日数なのかもしれませんが、ここでは「不正回答」となります。**q3_s** は日数を扱う数値型変数ですので、「無回答」をシステム欠損値として扱っても構いませんが、サブクエスチョンの場合このように何種類かの欠損値が考えられますので、わかりやすく無回答にも数値を割り当ててユーザー指定の欠損値として設定することをおすすめします。「無回答」=「0」、「非該当」=「99」、「不正回答」=「−1」などと入力します。

SPSS で設定できるユーザー指定の欠損値は、個別の値を指定するときは3つまでです。数値の範囲（「−9から−1」など）を指定する、あるいは数値の範囲に加え個別の値を1つ指定するという形式（「−9から−1」と「99」など）を選ぶこともできます。

☞ ユーザー指定の欠損値の設定方法については Section 6（45 ページ）を参照

ここで、システム欠損値やユーザー指定の欠損値がどのように分析結果に反映されるかを見てみましょう。図 1.4.1 は前ページの例 1 − 10 のとおりに欠損値を設定し、値ラベルをつけたデータです。

【図 1.4.1】

	date	sex	grade	q1	q2	q3	q3_s
1	10/08/2016	1	3	8.0	10,000	1	5.0
2	10/08/2016	1	3	-1.0	5,000	0	99.0
3	10/08/2016	2	3	6.5	.	1	3.0
4	10/08/2016	2	3	7.0	8,000	1	3.0
5	10/08/2016	2	3	.	8,000	0	-1.0
6	10/08/2016	1	2	8.0	5,000	1	2.0
7	10/08/2016	2	2	7.5	4,000	0	99.0
8	10/08/2016	2	2	6.0	5,000	1	3.0
9	10/08/2016	2	2	9.0	3,000	1	3.0
10	10/08/2016	1	2	7.0	3,500	0	99.0
11	10/09/2016	2	1	6.0	3,000	0	99.0
12	10/09/2016	1	1	8.5	5,000	1	2.0
13	10/09/2016	2	1	8.0	0	1	.0
14	10/09/2016	2	1	8.0	2,500	0	99.0
15	10/09/2016	1	1	7.0	3,000	0	99.0

値ラベルを表示してみると……

【図 1.4.2】

	date	sex	grade	q1	q2	q3	q3_s
1	10/08/2016	男	中学3年	8.0	10,000	はい	5.0
2	10/08/2016	男	中学3年	不正回答	5,000	いいえ	非該当
3	10/08/2016	女	中学3年	6.5	.	はい	3.0
4	10/08/2016	女	中学3年	7.0	8,000	はい	3.0
5	10/08/2016	女	中学3年	.	8,000	いいえ	不正回答
6	10/08/2016	男	中学2年	8.0	5,000	はい	2.0
7	10/08/2016	女	中学2年	7.5	4,000	いいえ	非該当
8	10/08/2016	女	中学2年	6.0	5,000	はい	3.0
9	10/08/2016	女	中学2年	9.0	3,000	はい	3.0
10	10/08/2016	男	中学2年	7.0	3,500	いいえ	非該当
11	10/09/2016	女	中学1年	6.0	3,000	いいえ	非該当
12	10/09/2016	男	中学1年	8.5	5,000	はい	2.0
13	10/09/2016	女	中学1年	8.0	0	はい	無回答
14	10/09/2016	女	中学1年	8.0	2,500	いいえ	非該当
15	10/09/2016	男	中学1年	7.0	3,000	いいえ	非該当

q1，q2，q3_s の統計量（平均値、合計）と度数分布表を出力してみると……

統計量

		q1 平均睡眠時間（時間/日）	q2 おこづかい（円/月）	q3_s 週に何日通っているか？
度数	有効	13	14	7
	欠損値	2	1	8
平均値		7.423	4,642.86	3.000
合計		96.5	65,000	21.0

システム欠損値とユーザー指定の欠損値の度数が「欠損値」として表示され、「平均値」は「合計」の値を「有効」とある度数で割ったものであることが確認できます。このように、システム欠損値とユーザー指定の欠損値は統計的処理からは除外されます。

以下の度数分布表では、有効な値の下に「欠損値」として「システム欠損値」「不正回答」「無回答」「非該当」などの度数がそれぞれ表示されています。

> 欠損値として割り当てた数値に値ラベルをつけておかなければ、数値が表示されます。ユーザー指定の欠損値を設定したら必ず値ラベルの設定も行いましょう。
>
> ☞ 値ラベルの設定方法については Section 6（40 ページ）を参照

q1 平均睡眠時間（時間/日）

		度数	パーセント	有効パーセント	累積パーセント
有効	6.0	2	13.3	15.4	15.4
	6.5	1	6.7	7.7	23.1
	7.0	3	20.0	23.1	46.2
	7.5	1	6.7	7.7	53.8
	8.0	4	26.7	30.8	84.6
	8.5	1	6.7	7.7	92.3
	9.0	1	6.7	7.7	100.0
	合計	13	86.7	100.0	
欠損値	不正回答	1	6.7		
	システム欠損値	1	6.7		
	合計	2	13.3		
合計		15	100.0		

q2 おこづかい（円/月）

		度数	パーセント	有効パーセント	累積パーセント
有効	0	1	6.7	7.1	7.1
	2,500	1	6.7	7.1	14.3
	3,000	3	20.0	21.4	35.7
	3,500	1	6.7	7.1	42.9
	4,000	1	6.7	7.1	50.0
	5,000	4	26.7	28.6	78.6
	8,000	2	13.3	14.3	92.9
	10,000	1	6.7	7.1	100.0
	合計	14	93.3	100.0	
欠損値	システム欠損値	1	6.7		
合計		15	100.0		

q3_s 週に何日通っているか？

		度数	パーセント	有効パーセント	累積パーセント
有効	2.0	2	13.3	28.6	28.6
	3.0	4	26.7	57.1	85.7
	5.0	1	6.7	14.3	100.0
	合計	7	46.7	100.0	
欠損値	不正回答	1	6.7		
	無回答	1	6.7		
	非該当	6	40.0		
	合計	8	53.3		
合計		15	100.0		

Section 5　多重回答の入力形式

　1つの質問に対して複数の回答が存在することを、SPSSでは「多重回答」と呼びます。Section 1にあるとおり、1つの変数は1つの情報を扱うことが基本ですので、多重回答については複数の変数でその情報を表し、かつそれらの変数をひとまとめに扱う必要があります。

　多重回答の例をいくつか挙げてみましょう。

■ 例1－11　　おなじみの中学生へのアンケートの例です。

好きな教科は？（いくつでも可）
　　　英語　　数学　　国語　　社会　　理科
　　　体育　　美術　　技術家庭

■ 例1－12　　パソコンユーザーへのアンケートの例です。

パソコンを購入するときに重視する点は？（2つまで）
　　　デザイン　　スペック　　ブランド　　人気　　サポート

■ 例1－13　　顧客アンケートの例です。

お客様の趣味を3つまで記入してください。
（　　　　　）（　　　　　）（　　　　　）

　✎ 例1－13については回答内容をいくつかのカテゴリに分類する必要があります。

　多重回答の入力形式には2種類あり、SPSSではそれぞれ「カテゴリコード化」、「2分コード化」と呼びます。どちらのコード化を行っても、多重回答グループとして度数分布表を作成したり他の変数とのクロス表を作成する上では、まったく同じ結果が得られます。しかし、入力する分量や、その他の分析への応用などの点で異なりますので、個々の事情や目的にあわせて入力形式を決定してください。

カテゴリコード化

複数の変数に、多重回答の選択項目すべてを値として持たせます。選択項目数の上限が決まっている場合、その上限数だけ変数を作成します（例1－12の場合は2つ、例1－13の場合は3つ）。回答のあった分だけ変数に値を入力し、選択数が上限数に満たない場合は、ユーザー指定の欠損値とします。

選択の上限数が少ない場合、入力する分量を抑えることができるのがメリットです。上限が選択項目数に近い場合や上限がない場合には適しません。

【図1.5.1】 例1－12のカテゴリコード化入力例

	id	q1_1	q1_2
1	1	スペック	デザイン
2	2	デザイン	スペック
3	3	人気	スペック
4	4	サポート	デザイン
5	5	スペック	ブランド
6	6	ブランド	無回答
7	7	デザイン	スペック
8	8	人気	デザイン
9	9	スペック	ブランド
10	10	スペック	人気

2つの変数 **q1_1**, **q1_2** には、次のような値ラベルを設定します。

1 デザイン
2 スペック
3 ブランド
4 人気
5 サポート

ID番号6のケースは、「ブランド」しか選択していないので、〔q1_2〕は「0」（無回答）などの値を与え、ユーザー指定の欠損値とします。

また、1番目に重視する点、2番目に重視する点といったように2つの選択に順位がある場合は、（他の分析で使用する目的としては）順位どおりに入力すべきですが、どういう順番で入力されていても多重回答グループとしての出力結果には影響しません。

2分コード化

選択項目の数だけ変数を作成し、その項目の選択－非選択の2値を値として持たせます。選択項目数が非常に多い場合には適しませんが、多重回答としてだけでなく個別の項目として分析を行う可能性のある場合は、このコード化をおすすめします。　☞ 例1－11の2分コード化入力例は17ページの図1.2.3を参照

SPSSでは、基本メニューとしてBaseに搭載されている［多重回答］手続きと、Custom Tablesというオプションに搭載されている［多重回答グループ］手続き（［分析］メニューの［テーブル］）において、多重回答の設定が可能です。次ページから、それぞれの手続きでの設定方法と出力結果例を紹介します。

Base ［多重回答］手続き
カテゴリコード化多重回答グループの設定方法

30ページの例1 – 12を使って多重回答グループを設定しましょう。

Step① ［分析］メニューから、［多重回答］の［変数グループの定義］を選択。

Step② ［変数グループ内の変数］リストに多重回答グループを構成する変数をすべて投入します。

Step③ ［変数のコード化様式］で［カテゴリ］にチェックし、［範囲］には、カテゴリ値の範囲「1」から「5」を入力します。

Step④ ［名前］には多重回答グループの変数名を、［ラベル］には多重回答の質問内容をラベルとして設定します。

Step⑤ 以上の設定が完了すると……

ここで、［追加］というボタンを押します。すると、右のように［多重回答グループ］という欄に、「$q1」という新しい多重回答グループが登録されます（先頭の「$」マークは、多重回答グループである印です）。

Step⑥ 複数の多重回答グループが存在する場合は、同様の手順を続けます。

後は、［閉じる］ボタンを押せば設定が完了します。

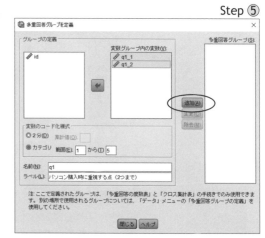

Step ⑤

Step ⑥

2分コード化多重回答グループの設定方法

22ページの例1-9で設定した変数〔q6_1〕から〔q6_8〕を使います。

Step① [分析]メニューから、[多重回答]の[変数グループの定義]を選択。

Step② [変数グループ内の変数]リストに多重回答グループを構成する変数をすべて投入します。

Step③ [変数のコード化様式]で[2分変数]にチェックし、[集計値]には、「選択」に割り当てられた値「**1**」を入力します。

Step④ [名前]には多重回答グループの変数名を、[ラベル]には多重回答の質問内容をラベルとして設定します。

Step⑤ 以上の設定が完了すると……

Step ⑤

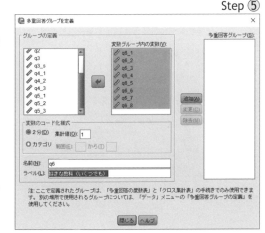

後は、カテゴリコード化の場合と同様に、[追加]ボタンを押し、[閉じる]ボタンを押すと設定完了です。

Attention

Baseの[多重回答]手続きで設定した多重回答グループの情報は、そのデータファイルを開いている間だけ有効です。つまり、一度データファイルを閉じてしまったり、SPSSを終了したりすると、再度そのデータファイルを開いても多重回答グループの設定はまったく残っていません。
逃げ道として、設定した多重回答グループを用いて度数分布表やクロス集計表を作成する手続きをシンタックスとして保存しておけば、再度同じ設定を行う手間は省けますが、まったく同じ出力を作成するのでない限りシンタックスの加工が必要になってしまいます。
多重回答データを頻繁に扱うユーザーには、設定がデータファイルとともに保存される次のページの「Custom Tables オプション」の使用をおすすめします。

Custom Tables ［テーブル］⇒［多重回答グループ］手続き
カテゴリコード化多重回答グループの設定方法

Step❶ ［分析］メニューから、［テーブル］の［多重回答グループ］を選択。

Step❷ ［変数のコード化］で［カテゴリ］にチェックします。

［グループ名］には多重回答グループの変数名を、［グループ ラベル］には多重回答の質問内容をラベルとして設定します。

Step❸ 後は、［追加］ボタンを押し、［OK］ボタンを押すと設定完了です。

多重回答の集計表を作成するには、［分析］メニューの［テーブル］から［カスタムテーブル］を選択します。すると、右図のように［変数］リストのいちばん最後に「$q1」という新しい多重回答グループが登録されています。

Step ②

Step ③

2分コード化多重回答グループの設定方法

Step① ［分析］メニューから、［テーブル］の［多重回答グループ］を選択。

Step② ［変数のコード化］で［2分変数］にチェックし、［集計値］には、「選択」に割り当てられた値「1」を入力します。

Step③ ［カテゴリ ラベルのコピー元］で、グループカテゴリのラベル付けの方法を選択します。
　［変数ラベル］では、各変数のラベルが多重回答カテゴリのラベルとして使用されます。
　［集計値のラベル］では、集計値の値ラベルが使用されます（各変数の集計値に対する値ラベルが異なる場合に限ります）。この場合、［変数ラベルをグループ ラベルとして使用する］にチェックすると、最初の変数の持つ変数ラベルがグループラベルとして使用されます。

Step④ ［グループ名］には多重回答グループの変数名を、［グループ ラベル］には多重回答の質問内容をラベルとして設定します。

Step⑤ 後は、カテゴリコード化の場合と同様に、［追加］ボタンを押し、［OK］ボタンを押すと設定完了です。

Technic カテゴリコード化変数から2分コード化変数を生成する

Custom Tables オプションでは、カテゴリコード化多重回答変数から、2分コード化入力の変数群を作成することができます。

［分析］メニューから［テーブル］の［多重カテゴリグループの変換］を選択。定義されたカテゴリコード化多重回答変数を［多重カテゴリ グループ］に投入します。新しく作成する2分コード化変数群の接頭辞（この例の場合は「q1_2」）を入力し、［新しいグループの名前］に作成する2分コード化多重回答変数の名前を入力して［OK］ボタンを押します。

すると、下のように、新しい5つの2分コード化変数群「q1_2_01」～「q1_2_05」が作成され、多重回答変数として定義されます。

	id	q1_1	q1_2	q1_2_01	q1_2_02	q1_2_03	q1_2_04	q1_2_05
1	1	スペック	デザイン	1.00	1.00	.00	.00	.00
2	2	デザイン	スペック	1.00	1.00	.00	.00	.00
3	3	人気	スペック	.00	1.00	.00	1.00	.00
4	4	サポート	デザイン	1.00	.00	.00	.00	1.00
5	5	スペック	ブランド	.00	1.00	1.00	.00	.00
6	6	ブランド	無回答	.00	.00	1.00	.00	.00
7	7	デザイン	スペック	1.00	1.00	.00	.00	.00
8	8	人気	デザイン	1.00	.00	.00	.00	.00
9	9	スペック	ブランド	.00	1.00	1.00	.00	.00
10	10	スペック	人気	.00	1.00	.00	1.00	.00

 Attention

Custom Tables オプションの［多重カテゴリグループの変換］は、Python2 による拡張機能です。上記の場所にメニューが見当たらない場合は、［拡張機能］メニューの［拡張ハブ］をクリックし、以下のように［探索的］タブの一覧の中から「STATS_MCSET_CONVERT」を探し、［拡張の取得］にチェックをして［OK］をクリックします。続いて現れる［使用許諾契約］の画面で［使用条件の状況に同意します］にチェックし［完了］ボタンをクリックします。

すると、拡張がダウンロードされ、［分析］メニューの［テーブル］に［多重カテゴリグループの変換］が追加されます。

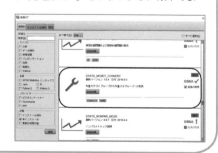

Base [多重回答] 手続き 出力例

[度数分布表] メニュー

$q1 度数分布表

		応答数		ケースのパーセント
		度数	パーセント	
パソコン購入時に重視する点（2つまで）[a]	デザイン	5	26.3%	50.0%
	スペック	7	36.8%	70.0%
	ブランド	3	15.8%	30.0%
	人気	3	15.8%	30.0%
	サポート	1	5.3%	10.0%
合計		19	100.0%	190.0%

a. グループ(0)

[クロス集計表] メニュー

$q1*sex クロス表

		性別				合計
		男性		女性		
		度数	sex の %	度数	sex の %	度数
パソコン購入時に重視する点（2つまで）[a]	デザイン	3	60.0%	2	40.0%	5
	スペック	4	80.0%	3	60.0%	7
	ブランド	1	20.0%	2	40.0%	3
	人気	2	40.0%	1	20.0%	3
	サポート	0	0.0%	1	20.0%	1
合計		5		5		10

パーセンテージと合計は応答者数を基に計算されます。

a. グループ(0)

Custom Tables [テーブル] 手続き 出力例

[テーブル] メニューによる度数分布表

		度数	重み付けのない行の回答 %（基準: 度数）
パソコン購入時に重視する点(2つまで)	デザイン	5	50.0%
	スペック	7	70.0%
	ブランド	3	30.0%
	人気	3	30.0%
	サポート	1	10.0%
	合計	10	190.0%

［テーブル］メニューによるクロス集計表

		性別					
		男性		女性		合計	
		度数	重み付けのない行の回答 %（基準: 度数）	度数	重み付けのない行の回答 %（基準: 度数）	度数	重み付けのない行の回答 %（基準: 度数）
パソコン購入時に重視する点(2つまで)	デザイン	3	60.0%	2	40.0%	5	50.0%
	スペック	4	80.0%	3	60.0%	7	70.0%
	ブランド	1	20.0%	2	40.0%	3	30.0%
	人気	2	40.0%	1	20.0%	3	30.0%
	サポート	0	0.0%	1	20.0%	1	10.0%
	合計	5	200.0%	5	180.0%	10	190.0%

Technic 2分コード化形式のメリット

　2分コード化形式で入力しておくと、単独で選択項目を扱うことが可能になります。たとえば、パソコン購入時に「デザイン」を重視する点として選んだかどうかということと年齢層の関係をコレスポンデンス分析（☞ 参考文献［2］）でマッピングしてみる、といったことができます。

　また、SPSSでは多重回答グループのグラフ作成機能はサポートされていませんが、0－1の2分コード化形式で入力している場合、下のような度数分布のグラフを描くことが可能になります。

🖉 単純棒グラフの［変数ごとの集計］で、集計関数を「**合計値**」とします。

　　　　　　　　　　　　　　　　　☞ 棒グラフの作成方法の詳細は参考文献［13］を参照

🖉 ただし、いったん多重回答グループの度数分布表を作成してから、集計表からのグラフ作成機能を使用すれば、カテゴリコード化を行っていても度数分布グラフを作成することができます。

　　　☞ 集計表からのグラフ作成方法については参考文献［13］を参照

Section 6 変数ビューの機能

　SPSS 10 以降のバージョンでは、データエディタは「データビュー」と「変数ビュー」という2つのシート（画面）で構成されています。「データビュー」にはデータが表示され、「変数ビュー」には変数の定義情報が表示されます。

　データビューと変数ビューを切り替えるには、データエディタ左下にあるビュー名の部分をクリックします。キーボード上で [Ctrl] キーを押しながら [T] を押してもビューが切り替わります。

この「変数ビュー」の各種機能と設定方法について説明します。

① 名前
変数名を入力します。

② ラベル
変数ラベルを入力します。

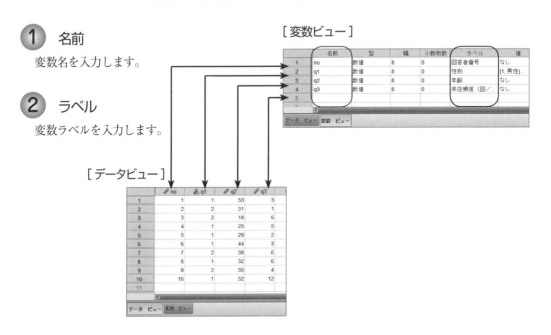

❸ 値

値ラベルを設定します。

Step❶ 値ラベルを設定したい変数の［値］のセルをクリックします。

Step❷ 下のように、セルの右端に … というボタンが現れるので、これをクリック。

	名前	型	幅	小数桁数	ラベル	値	欠損値	列	配置	尺
1	no	数値	8	0	回答者番号	なし	なし	8	疆 右	❤ スケ—
2	q1	数値	8	0	性別	なし	なし	8	疆 右	❤ 名義
3	q2	数値	8	0	年齢	なし	なし	8	疆 右	❤ スケ—
4	q3	数値	8	0	来店頻度（回/…	なし	なし	8	疆 右	❤ スケ—
5										

Step❸ すると、値ラベルを定義するダイアログボックスが現れます。

値「**1**」に対して値ラベル「**男性**」、値「**2**」に対して値ラベル「**女性**」を定義する場合、まず［値］に半角で「**1**」、［ラベル］に「**男性**」と入力して［追加］ボタンをクリックします。

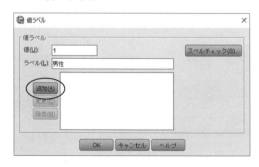

Step❹ 続いて［値］に半角で「**2**」、［ラベル］に「**女性**」と入力して［追加］ボタンをクリックします。

右のような状態になったら、[**OK**] をクリックして設定完了です。

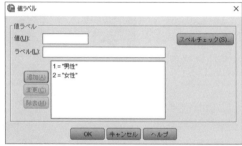

型

データ型を設定します。　　　　　　　　　☞ データ型の詳細についてはSection 3（18ページ）を参照

Step① データ型を設定したい変数の［型］のセルをクリックします。

Step② セルの右端に … というボタンが現れるので、これをクリック。

Step③ すると、次のような［変数の型］ダイアログボックスが現れます。

［数値］［カンマ］［ドット］［科学的表記法］を選択した場合は、［幅］と［小数桁数］の設定が行えます。

［幅］は数値全体の桁数です。セル内での表示桁数、および他のデータ形式で保存する際に影響します。この幅を超える桁数の値も入力できます。

［小数桁数］は数値の小数部の桁数です。

✎ このダイアログボックスでの幅と小数桁数の値は、変数ビューの［幅］［小数桁数］のセルの値と連動します。

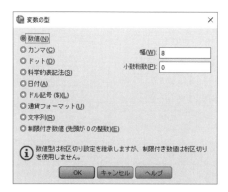

［日付］を選択すると、次のような表示となり、日付や時間の表記方法を選択できます。

それぞれ表記方法について、データエディタ上で値がどのように表記されるのか、例を見て確認しましょう。

▼ 2016年8月20日（土）13時45分20秒は

日付型の設定	表記
dd-mmm-yyyy	20-G-2016
dd-mmm-yy	20-AUG-16
mm/dd/yyyy	08/20/2016
mm/dd/yy	08/20/16
dd.mm.yyyy	20.08.2016
dd.mm.yy	20.08.16
yyyy/mm/dd	2016/08/20
yy/mm/dd	16/08/20
yyddd	16232
yyyyddd	2016232
q Q yyyy	3 Q 2016
q Q yy	3 Q 16
mmm yyyy	AUG 2016
mmm yy	AUG 16
ww WK yyyy	34 WK 2016
ww WK yy	34 WK 16
dd-mmm-yyyy hh:mm	20-AUG-2016 13:45
dd-mmm-yyyy hh:mm:ss	20-AUG-2016 13:45:20
dd-mmm-yyyy hh:mm:ss.ss	20-AUG-2016 13:45:20.00
Monday,Tuesday,…	Saturday
Mon,Tue,Wed,…	Sat
January,February,…	August
Jan,Feb,Mar,…	Aug

✎ 「ddd」は1月1日からの日数。

✎ 「q」は四半期の値。

✎ 「ww」は1月1日からの週数。

▼ 75時間13分50秒は

日付型の設定	表記
hh:mm	75:13
hh:mm:ss	75:13:50
hh:mm:ss.ss	75:13:50.00
ddd hh:mm	3 03:13
ddd hh:mm:ss	3 03:13:50
ddd hh:mm:ss.ss	3 03:13:50.00

✎ 3日と3時間13分
　（= 75時間13分）

［ドル記号($)］を選択すると、右のような表示になります。

右上のリストから表記形式を選択すると、幅と小数桁数が連動します。リストにない幅と小数桁数を指定したい場合は、直接［幅］と［小数桁数］に値を入力します。

［通貨フォーマット］を選択すると、右のような表示になります。

リストにある「CCA」「CCB」「CCC」「CCD」「CCE」は、5つのユーザー指定の通貨フォーマットを表します。デフォルトでは5つすべてに［サンプル］に表示されているようなフォーマットが設定されているので、どれを選んでも同じ表記になります。

独自の通貨フォーマットの設定は、［編集］メニューの［オプション］の［通貨］タブで行います。

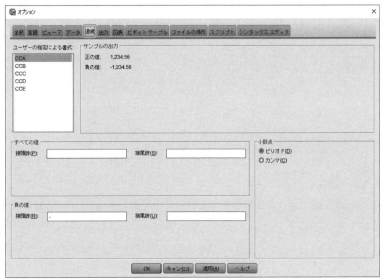

Section 6　変数ビューの機能　43

▼通貨フォーマット「CCA」として、3桁ごとにカンマで区切り先頭に「¥」マーク、末尾に「−」を表記するフォーマットを設定する場合

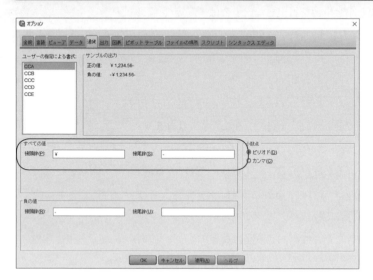

左図のように [すべての値] の [接頭辞] に「¥」、[接尾辞] に「−」と入力します。

後は、[適用] ボタンをクリックすれば、設定完了です。

[文字列] を選択すると、次のような表示になります。

[文字] で、値の最大文字数（半角）を設定します。

5 幅

数値型変数の場合は数値全体の桁数、文字型変数の場合は文字数（半角）を設定します。データ型の [幅] や [文字] の設定と連動します。

⑥ 小数桁数

数値型変数の値の小数部の桁数を設定します。データ型の[**小数桁数**]の設定と連動します。この設定はデータエディタや出力結果での表示形式に影響するもので、内部的には常に小数桁数16桁までを保持し計算に使用しています。

⑦ 欠損値

ユーザー指定の欠損値を設定します。

Step❶ ユーザー指定の欠損値を設定したい変数の[欠損値]のセルをクリックします。セルの右端に ... というボタンが現れるので、これをクリック。

Step❷ すると、右のような[欠損値]ダイアログボックスが現れます。

▼「−1」と「99」を欠損値に指定したい場合

[個別の欠損値]にチェックし、テキストボックスにそれぞれ「−1」、「99」と入力します。

▼ 文字型変数の値「その他」を欠損値に指定したい場合

[個別の欠損値]にチェックし、テキストボックスに「その他」と入力します。

　　✎ 半角8文字を超える長い文字列の場合、ユーザー指定の欠損値を指定することはできません。

▼ 文字型変数の空白値を欠損値に指定したい場合

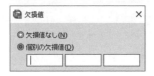

［個別の欠損値］にチェックし、テキストボックスに半角スペースを入力します。

✎ 文字型変数においては半角・全角が区別されますので、この設定の場合、全角スペースによる空白値は有効な値のままとなります。

▼ 「−9」から「−1」までのすべての値を欠損値に指定したい場合

［範囲に個別の値をプラス］にチェックし、［始］に「−9」、［終］に「−1」と入力。

✎ この設定が行えるのは数値型変数のみです。また、こういった範囲に加えてさらに1つ値を欠損値として設定するには、［個別の値］に入力します。

⑧ 列

データビュー上の変数の列幅を設定します。列幅はデータビュー上の表示にだけ影響し、値の幅は変化しません。

数値型変数の場合、列の幅が値の幅よりも小さいと、数値の後半がドット（...）で表示されます。

⑨ 配置

データビュー上のセル内における値の水平位置を設定します。

［左］［右］［中央］から選択します。

⑩ 尺度

数値型変数の測定尺度を設定します。

[スケール] は間隔尺度・比率尺度、[順序] は順序尺度、[名義] は名義尺度に対応します。この設定は、[図表ビルダー]（[グラフ] メニューから選択）からのグラフの作成、Custom Tables オプション（[分析] メニューから [テーブル] を選択）、Decision Trees オプション（[分析] メニューの [分類] から [ツリー] を選択）などのメニューにおいて影響します。

☞ 測定尺度の詳細については参考文献［13］を参照

⑪ 役割

分析する変数の役割を事前に設定します。

役割の割り当てに対応する一部のメニューにのみ有効です。

役割には [入力]（予測変数・独立変数などの入力）、[対象]（従属変数などの出力）、[両方]（入力および出力）、[なし]（役割を割り当てない）、[区分]（ケースを学習、検定、検証用に区分するための変数）、[分割]（IBM SPSS Modeler との互換用）から選択します。

> **Attention**
>
> [データ] メニューの [新しいユーザー指定の属性] では、カスタマイズした変数定義（属性）を設定できます（変数ビュー上でのみ選択できます）。
> 新たな属性は変数ビューの右端に表示され、データファイルとともに保存されます。
>
> ☞ 設定方法の詳細は第 5 章 Section1（230 ページ）を参照

2つのデータセットの入力値を比較する

［データ］メニューの［データセットの比較］機能を使用すると、2つのデータセットに入力された値（必要に応じて変数定義情報も）を比較し、一致・不一致ケースを特定することができます。たとえば、以下のようなときに役立つでしょう。

・同じアンケートの回答データを入力した2つのデータセットの不一致（入力ミス等）を見つける。
・オリジナルのデータセットからクリーニングや分析の過程で変更が加えられたケースを特定する。
・結合したい同じ構造のデータセットについて、結合前に変数定義情報の一致・不一致を確認する。

例を見てみましょう。
次の2つのデータセットは例1－1（4ページ）で取り上げた来店者アンケートで、それぞれno.1からno.5までの5名分の回答を入力したデータです。2つのデータセットの一致・不一致を確認します。

【データ1（アクティブデータセット）】　　【データ2（比較するデータセット）】

・no.4のq3の値が「5」　　　　　　　　・no.4のq3の値が「55」
・no.5の回答が入力されていない　　　　・no.1の回答が入力されていない

no	q1	q2	q3
1	1	53	3
2	2	31	1
3	2	18	6
4	1	25	5

no	q1	q2	q3
2	2	31	1
3	2	18	6
4	1	25	55
5	1	29	2

Step❶ データ1において［データ］メニューから［データセットの比較］を選択します。

比較するデータセットとしてデータ2を選択します（開いているデータのリストから、もしくは以下のように［参照］ボタンを押してファイルを指定します）。

◉ 外部 SPSS Statistics データ ファイル(A)
C://Data/来店者アンケート2　　　　　　　　　　［参照(B)］
SPSS Statistics データ ファイルを比較する前に SPSS Statistics で開く必要があります。

Step❷ [比較] タブで、各ケースを識別する変数を [ケース ID] に、比較する変数を [比較するフィールド] に導入し、[OK] を押します（必要に応じて、[属性] タブで変数定義情報の比較の設定や、[出力] タブで、不一致ケース・一致ケースのみを別のデータセットにコピーできます）。

すると、データセット 1 に新しく「**Casescompare**」という変数が生成され、一致したケースには「0」、不一致があったケースには「1」、アクティブデータセットにあり比較対象のデータセットには存在しないケースには「−1」が割り当てられています。

✎ Ver. 24 では、「1」に「ミスマッチ」、「−1」に「不一致」という値ラベルが自動的に付くので注意してください。

また、出力ファイルの [ケースごとの比較] を見ると、不一致ケースの詳細が確認できます。

no	q1	q2	q3	CasesCompare
1	1	53	3	-1
2	2	31	1	0
3	2	18	6	0
4	1	25	5	1

ケースごとの比較

| ケース ID | 行 | | 性別 | 年齢 | 来店頻度（回／月） |
no	アクティブ	比較			
4	4	3			(1) 5 (2) 55

(1) はアクティブ データセットで (2) は比較データセットです

Section 7 シンタックスの機能

　SPSSのほとんどの操作はダイアログボックスを介して行いますが、内部的にはその設定内容は「コマンドシンタックス」という命令文に変換されています。ダイアログボックスからは実行できないコマンドやオプションも数多くあります。

　ダイアログボックスでも設定できるけれどシンタックスで実行するとずいぶん簡単だといったものや、シンタックスだからできるちょっとした裏ワザなど、気軽にシンタックスを活用していただくことが本書の目的の1つでもあるので、今までシンタックスを使用したことがないユーザーの方もぜひチャレンジしてみてください。

　シンタックスは、「シンタックスエディタ」というウィンドウに記述します。実行もこのウィンドウから行います。

新規のシンタックスエディタを開くには

　［ファイル］メニューの［新規作成］から［シンタックス］をクリックします。
　すると、次のようなシンタックスエディタが開きます。
　枠で囲ったエディタ枠にシンタックスを記述します。

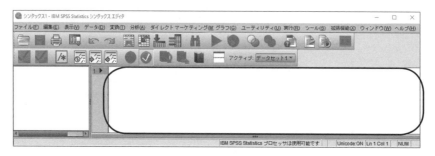

　ここに記述されたシンタックスは、シンタックスファイルとして保存できます。一連の分析作業をシンタックスとして保存しておけば、後日一気に同じ作業を実行するといったことが可能になります。

シンタックスは必ずしもユーザーが直接入力する必要はありません。ダイアログボックスの設定内容に対応するシンタックスは、ダイアログボックスから自動生成することができます。

▼度数分布表を作成するシンタックスを自動生成するには

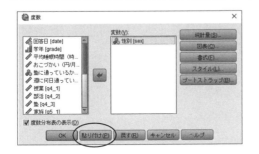

［度数分布表］ダイアログボックスですべての設定を行ったあと、［貼り付け］ボタンをクリックします。

すると、自動的にシンタックスエディタが開き、次のように［度数分布表］手続きのシンタックスが入力されています。

他のダイアログボックスから同様に［貼り付け］ボタンを押すと、シンタックスが追加されていきます。

シンタックスを実行するには

シンタックスエディタに記述されたすべてのシンタックスを実行するには、［実行］メニューから［すべて］を選択します。

一部のシンタックスを実行したい場合は、実行したいコマンド中にカーソルをおくか、選択してハイライト表示させ、［実行］メニューから［選択］をクリックします。

カーソルがある位置のコマンド以降のすべてのコマンドを実行する場合は［最後まで］を選択します。そのほか、［ステップ移動］の［開始から］を選択すると最初のコマンドから、［現在から］を

選択するとカーソルがある位置のコマンドから、一度に1コマンドずつ実行されます。

　直接シンタックスを入力したり、ダイアログボックスから貼り付けたシンタックスを編集する際には、以下の点に注意してください。

Point 1 コマンドはすべて半角英数字で入力
　　　　　ただし、全角文字を使用した変数名や文字型変数の値は認識します。
　　　　　　✎ 文字型変数の値は「'」(半角コーテーション) で囲んで記述します。

Point 2 コマンド中の全角スペースは厳禁

Point 3 大文字・小文字は区別されない
　　　　　コマンドは大文字、変数名は小文字、などと使い分けると見やすいでしょう。

Point 4 コマンドの最後には必ず「.」(ピリオド) が必要

　コマンド シンタックスの詳細な解説は、[ヘルプ] メニューの [シンタックス参照コマンド] から参照できる PDF ファイル (英語) に掲載されています。

　本文中に紹介した便利なシンタックスについては、巻末の「使えるシンタックス一覧」にまとめています。ご参照ください。

Technic 分析の過程をシンタックスとして保存する

　データ分析は試行錯誤を繰り返しながら進むことが常です。何日も前に行った手続きをもう一度行う必要が出てきたり、同じセッション中であっても、いくつか前の手続きの設定を、異なった条件で抽出したデータに対して実行したいといったこともありえます。これがたび重なれば、ダイアログボックスで何度も設定を繰り返すことは時間的にも大変なロスになります。「これでいける」という設定がある程度確定したら、［貼り付け］ボタンを押してシンタックスとして保存していくクセをつけることをおすすめします。分析の履歴を残すという意味でも役立ちます。

　いちいち［貼り付け］ボタンを押してシンタックスを保存するのは面倒だという場合は、出力結果と一緒に出力される［ログ］に実行したシンタックスが書き出されているので、それを参照します。

　あるいは、SPSSではユーザーが実行したコマンドを「セッションジャーナル」としてファイル（デフォルトのファイル名は **spss.jnl**）に保存しています。ファイルの場所は、［編集］メニューの［オプション］の［ファイルの場所］タブで確認できます。このジャーナルファイルから必要なコマンドをコピーして［シンタックスエディタ］に貼り付け、実行することも可能です。

▼出力ファイル中のログを閉じる、または非表示にするには

　出力ファイルにログが表示されるのがジャマだという場合は、ログを閉じた状態にしたり、表示させないこともできます。

　［編集］メニューの［オプション］を開きます。［ビューア］タブ 左側の［初期出力状態］真ん中にある **内容を最初は** の［隠す］にチェックをすると、出力ファイルにはログが閉じた状態で表示されます。

　また、左下の［**ログの中にコマンドを表示**］のチェックをはずすと、出力ファイルにログが表示されなくなります。

SPSS

第2章
材料を仕入れましょう
データを入力する

料理を始めるには、まず材料の仕入れです。欲しい食材はスーパーにあるかもしれないし、百貨店にあるかもしれないし、ひょっとするとまだ畑に植わっているかもしれません。
この章では、データ解析の材料であるさまざまな形式のデータを SPSS に入力したり読み込む方法について紹介します。いろんな「仕入れルート」を開拓して、どんな食材でも手に入れられるようになりましょう。

Section 1 直接入力

SPSSのデータエディタに直接データを入力する場合、次のような手順で行うと効率的です。

- **Step 1** 変数の構成を決定する
  変数名やユーザー指定の欠損値、多重回答の入力形式などを検討します。
- **Step 2** 変数ビューで変数定義の設定を行う
  変数名・変数ラベルの入力、データ型の設定、欠損値・値ラベルの設定などを行います。
- **Step 3** データビューで値を入力する
- **Step 4** 多重回答の設定を行う
- **Step 5** ケースに連番をほどこす

ではまず、IBM SPSS Statistics 24（以下、SPSS 24と略記）を起動してみましょう。

Windowsの［スタート］ボタン ■ から［すべてのアプリ］を選択し、
　　［IBM SPSS Statistics］フォルダ
　　　　⇒［IBM SPSS Statistics 24］
とクリックします。

すると、SPSS 24 が起動し、次のようなナビゲーション画面が現れます。

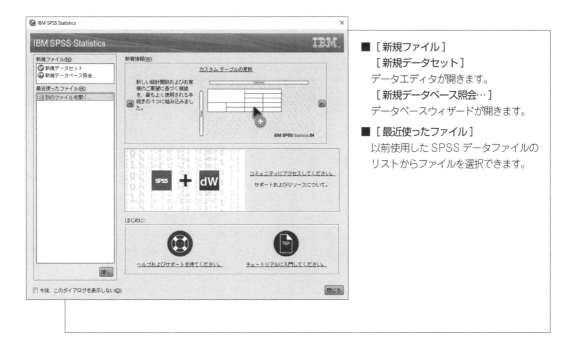

- ■ ［新規ファイル］
  ［新規データセット］
  データエディタが開きます。
  ［新規データベース照会…］
  データベースウィザードが開きます。
- ■ ［最近使ったファイル］
  以前使用した SPSS データファイルのリストからファイルを選択できます。

SPSS に直接データを入力する場合は、［キャンセル］ボタンをクリックするか、［新規ファイル］の［新規データセット］を選んで［開く］をクリックします。

すると、ナビゲーション画面が消え、データエディタに入力できるようになります。

では、次ページからアンケートデータを例に、SPSS に直接入力する手順を確認していきましょう。

Technic　ナビゲーション画面を非表示にする

このナビゲーション画面に用意されている項目は、すべて SPSS のメニューバーから選択して行えるものです。SPSS を起動するたびにこの画面が表示されるのを止めたい場合は、画面左下にある［今後、このダイアログを表示しない］にチェックして［OK］すると、次回の起動時から表示されなくなります。

Section 1　直接入力　57

■ パソコン雑誌の読者アンケート

■ 問1 性別を教えてください（ひとつ）
1 男性（未婚）
2 女性（未婚）
3 男性（既婚）
4 女性（既婚）

■ 問2 年齢を教えてください（ひとつ）
1 ～14歳
2 15～19歳
3 20～24歳
4 25～29歳
5 30～34歳
6 35～39歳
7 40～44歳
8 45～49歳
9 50～54歳
10 55～59歳
11 60～64歳
12 65～69歳
13 70歳～

■ 問3 職種を教えてください（ひとつ）
1 営業職
2 販売職
3 事務職
4 企画職
5 管理職
6 労務・技能職
7 会社経営・役員
8 コンピュータ系技術職
9 技術職（その他）
10 デザイナー＆クリエイティブ
11 弁護士・公認会計士・税理士
12 医師
13 教師
14 自営業
15 公務員
16 専業主婦
17 パート・アルバイト
18 大学生
19 高校生
20 中学生
21 小学生
22 無職
23 その他

■ 問4 パソコン使用歴はどれくらいですか？（ひとつ）
1 使ったことがない
2 ～1か月未満
3 1～3か月未満
4 3～6か月未満
5 6か月～1年未満
6 1～2年未満
7 2～3年未満
8 3～4年未満
9 4～5年未満
10 5～7年未満
11 7～10年未満
12 10～15年未満
13 15年以上

■ 問5 自宅に持っているパソコンのメーカーは何ですか？（複数可）
1 NEC
2 ソニー
3 富士通
4 パナソニック
5 東芝
6 DELL
7 HP
8 Lenovo
9 Gateway
10 EPSON Direct
11 Acer
12 ASUS
13 マイクロソフト
14 Apple
15 ショップブランド
16 アセンブリ（自作）
17 その他

■ 問6 現在持っているデジタル機器は何ですか？（複数可）
1 デスクトップPC
2 大画面ノートPC
3 A4サイズノートPC
4 B5サイズノートPC
5 ネットブック、ミニノートPC
6 タブレットPC
7 電子メモ帳
8 電子書籍リーダー
9 インクジェットプリンタ
10 レーザープリンタ
11 スキャナ
12 無線LANルーター（Wi-Fiルーター）
13 TA（ターミナルアダプタ）
14 DVDドライブ
15 ブルーレイドライブ
16 WEBカメラ
17 デジタルカメラ
18 デジタル一眼カメラ
19 デジタルビデオカメラ
20 Bluetoothスピーカー
21 デジタルオーディオプレーヤー
22 ホームシアター スピーカー
23 レコードプレーヤー
24 液晶テレビ（フルハイビジョン）
25 液晶テレビ（4K）
26 プラズマテレビ

■ 問7 次に購入したいデジタル機器は何ですか？（最大5つまで）
＊問6の選択肢の中から選択してください

■ 問8 パソコンやデジタルグッズ購入の際重視するのは？（最大2つまで）
1 デザイン
2 色
3 価格
4 性能
5 ブランド
6 サポート
7 人気

■ 問9 当社のオンラインショッピング サイトを利用したことがありますか？（ひとつ）
1 毎週のように利用
2 1か月に1回程度利用
3 3か月に1回程度利用
4 6か月に1回程度利用
5 今までに1回だけ利用
6 1度もないが今度利用する予定
7 利用するつもりはない
8 ECは怖いから利用したくない

■ 問10 当社のオンラインショッピング サイトにメンバー登録していますか？（ひとつ）
1 登録している
2 知らなかったので登録していない
3 登録するつもりはない
4 登録するのが怖い

■ 問11 会員カードを持っていますか？（ひとつ）
1 ハウスカード
2 JACCS付カード
3 VISA付カード
4 JCB付カード
5 持っていない

■ 問12 本誌をどこで購入しましたか？（ひとつ）
1 勤務先や学校近くの書店
2 自宅近くの書店
3 駅近くの書店
4 自宅近くのコンビニ
5 勤務先や学校近くのコンビニ
6 駅近くのコンビニ
7 定期購読
8 当社店舗
9 その他

■ 問13 本誌の購入状況を教えてください（ひとつ）
1 初めて買った
2 特集によって買う
3 ときどき買う（年6冊以下）
4 ときどき買う（年7冊以上）
5 毎号買う

■ 問14 本誌の購入目的は何ですか？（複数可）
1 ハードの新製品情報
2 ソフトの新製品情報
3 役立つ活用情報
4 特集記事
5 連載記事
6 実際に役立つ事例を知る
7 個性的で他誌にない切り口の記事
8 製品の価格情報
9 中古の価格情報

■ 問15 パソコン以外の興味・趣味は何ですか？（いくつでも）
1 映画
2 音楽
3 読書
4 アニメ
5 アート
6 ゲーム
7 デジタルCS・BS衛星放送
8 オーディオ＆ビジュアル
9 分譲マンション・一戸建て
10 財テク
11 株式
12 ファッション
13 ヘア＆メイク
14 インテリア・雑貨
15 ガーデニング
16 カメラ
17 アクセサリ
18 ダイエット
19 エステ
20 健康
21 語学
22 資格
23 ペット（犬・猫・熱帯魚など）
24 クルマ
25 バイク
26 アウトドア
27 旅行
28 その他

Step❶ 変数の構成を決定する

データ入力のための下準備です。

アンケートデータの場合、変数構成を決定する前にまず実際の回答用紙に目を通し、次のことを確認しておきましょう。

Point 1 有効な回答用紙（回答者）を選別し、1から始まる連番を記入しておきます。これが入力順になります。回答用紙に何らかのID番号がある場合も、その変数とは別に連番をつけておきましょう。

Point 2 すべての項目について実際の回答に目を通し、不正な回答がないかチェックします。このとき、そういった回答を何らかのルールを設けて有効回答とできないかどうかも検討します。この過程で、ユーザー指定の欠損値の種類や、新たに設定したカテゴリ値などを整理します。これらの回答について、データとして実際に入力する値をあらかじめ回答用紙に記入しておけば、入力作業がスムーズに行えます。

その後、変数名や変数ラベル、多重回答の入力形式、欠損値や値ラベルなどを検討し、決定します。未記入の回答用紙などにメモしておきましょう。

このアンケートデータ例の変数名と変数ラベル、多重回答の構成は次のとおりです。

	変数名	多重回答形式	変数ラベル / 多重回答グループラベル
問1	q1	—	性別・未既婚
問2	age	—	年齢
問3	job	—	職種
問4	q4	—	パソコン使用歴
問5	q5_1 〜 q5_17	2分コード化	自宅パソコンのメーカー名
問6	q6_1 〜 q6_26	2分コード化	現在持っているデジタル機器
問7	q7_1 〜 q7_26	2分コード化	次に購入したいデジタル機器
問8	q8_1 〜 q8_7	2分コード化	パソコン・デジタルグッズ購入時の重視点
問9	q9	—	オンラインショッピング サイトの利用経験
問10	q10	—	オンラインショッピング サイトのメンバー登録

問 11	q11	—	会員カード
問 12	q12	—	本誌の購入場所
問 13	q13	—	本誌の購入状況
問 14	q14_1 〜 q14_9	2分コード化	本誌の購入目的
問 15	q15_1 〜 q15_28	2分コード化	パソコン以外の興味・趣味

Step❷ 変数ビューで変数定義の設定を行う

　データを入力する前にまず変数定義を行います。Step 3の入力作業をスムーズに行うためです。たとえば、文字型変数の場合あらかじめデータ型を文字型に設定しておかないと文字が入力できません。また、値ラベルを設定しておくとドロップダウンリストから入力できるようになります。

☞ 変数ビューの使用方法については第1章 Section 6（39ページ）を参照

1　変数名の入力

　このデータ例では多重回答項目が多いので、変数名をひとつひとつ入力するのは大変です。「頭文字＋連番」変数名のメリットを生かし、[変数の挿入] 機能を利用しましょう。

　たとえば、問5の17個の変数〔q5_1〕〜〔q5_17〕を入力したい場合……

　まず〔q5_1〕を入力します。

	名前	型	幅	小数桁数	ラベル	値	欠損値	列	
1	q1	数値	8	2		なし	なし	8	右
2	age	数値	8	2		なし	なし	8	右
3	job	数値	8	2		なし	なし	8	右
4	q4	数値	8	2		なし	なし	8	右
5	q5_1	数値	8	2		なし	なし	8	右
6									

次に〔q5_1〕の行を選択（左端の行番号の上で右クリック）し、［コピー］をクリックします。

さらに、すぐ下の行を選択して右クリックし、
［変数の貼り付け］をクリック。

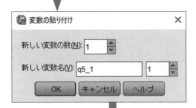

すると、以下のようなダイアログボックスが現れます。

このダイアログボックスを以下のように編集します。

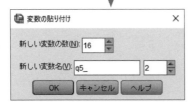

💬 不具合があり、ここでエラーメッセージが出ます。
Ver. 24 の Fix Pack 1 にて修正予定とのことです。

〔q5_2〕から〔q5_17〕までの 16 個の変数を作成したいので、[新しい変数の数] に「16」、[新しい変数名] に接頭辞として「q5_」、連番の最初の数字として「2」を入力します。

そして [OK] を押すと……

	名前	型	幅	小数桁数	ラベル	値	欠損値	列	配置
1	q1	数値	8	0		なし	なし	8	右
2	age	数値	8	0		なし	なし	8	右
3	job	数値	8	0		なし	なし	8	右
4	q4	数値	8	0		なし	なし	8	右
5	q5_1	数値	8	0		なし	なし	8	右
6	q5_2	数値	8	0		なし	なし	8	右
7	q5_3	数値	8	0		なし	なし	8	右
8	q5_4	数値	8	0		なし	なし	8	右
9	q5_5	数値	8	0		なし	なし	8	右
10	q5_6	数値	8	0		なし	なし	8	右
11	q5_7	数値	8	0		なし	なし	8	右
12	q5_8	数値	8	0		なし	なし	8	右
13	q5_9	数値	8	0		なし	なし	8	右
14	q5_10	数値	8	0		なし	なし	8	右
15	q5_11	数値	8	0		なし	なし	8	右
16	q5_12	数値	8	0		なし	なし	8	右
17	q5_13	数値	8	0		なし	なし	8	右
18	q5_14	数値	8	0		なし	なし	8	右
19	q5_15	数値	8	0		なし	なし	8	右
20	q5_16	数値	8	0		なし	なし	8	右
21	q5_17	数値	8	0		なし	なし	8	右

[変数の貼り付け] 機能では、最初にコピーした〔q5_1〕の変数定義情報がすべて貼り付けられるので、先に変数名以外の共通の定義情報を設定してしまってから行うのもよいでしょう。

2　変数ラベルの入力

多重回答グループ（2 分コード化）の場合、各変数が選択項目に相当します。したがって変数ラベルとして選択項目名をつけておけばよいことになります。

例)　〔q5_1〕「NEC」、
　　　〔q15_1〕「映画」

ただし、それぞれの項目を単独で分析に使用する可能性がある場合は、簡単に質問内容を加えておいた方がよい場合もあります。問 6 と問 7 のように、項目内容が重複する場合も同様です。

例)　〔q5_1〕「自宅 PC：NEC」、
　　　〔q6_17〕「持っている：デジタルカメラ」、〔q7_17〕「欲しい：デジタルカメラ」

③ データ型の設定

今回の例では、すべての変数のデータ型をデフォルト設定の［数値］とするので、特に設定を変更する必要はありません。　☞ データ型の種類の詳細については第1章 Section 3（18ページ）を参照

④ 幅、小数桁数の設定

今回の例ではすべての変数についてカテゴリ値をコード化して整数値を入力しますので、データを見やすくするため、［小数桁数］をデフォルトの2から0に変更しておきます。

〔q1〕の［小数桁数］セルの値を「0」とします。

次に、この小数桁数の設定をその他のすべての変数にコピーします。

〔q1〕の［小数桁数］セル上で右クリックし、［コピー］をクリック。

その他の変数の［小数桁数］のセルをすべて選択し、右クリックして［貼り付け］をクリック。

以上ですべての変数の小数桁数が「0」に設定されます。

⑤ 欠損値の設定

ユーザー指定の欠損値とする値を設定します。

⑥ 値ラベルの入力

通常の変数には、カテゴリ値を構成する選択項目の内容を値ラベルとしてつけます。

例） 〔job〕1＝「営業職」 2＝「販売職」 3＝「事務職」…

多重回答変数の場合、2分コード化形式であれば0＝「非選択」1＝「選択」、あるいは0＝「いいえ」1＝「はい」などとつけ、カテゴリコード化形式であれば通常の変数と同様に全カテゴリ値の項目内容を値ラベルとしてつけます。

例） 〔q6_1〕〔q6_2〕……0＝「非選択」 1＝「選択」

今回の例の場合、多重回答変数はすべて2分コード化しているので、〔q5_1〕で設定した値ラベルのセルをコピーし、問5、6、7、8、14、15を構成する多重回答グループ変数の値ラベルのセルに貼り付けましょう。また、[欠損値]で設定したユーザー指定の欠損値についても、忘れずに値ラベルをつけておきます。

⑦ 列、配置の設定

データエディタで値ラベルを表示させる場合は、列幅が小さいとすべて表示されませんので、必要に応じて広めに設定します。ただし、列幅はデータビュー上で列の端をドラッグすることで変更できますので、必ずしもこの段階で設定しておく必要はありません。

⑧ 測定尺度の設定

図表ビルダーやCustom Tables オプション、Decision Trees オプションを使用する場合は、設定しておきましょう。今回の例の場合、〔age〕（年齢）、〔q4〕（パソコン使用歴）、〔q13〕（購入状況）を「順序」とし、その他の変数は「名義」とするのが適切でしょう。

Step❸ データビューで値を入力する

データビューを表示し、データを入力します。キーボードの **Alt** キーを押しながら**半角/全角**キーを押して直接入力モードに切り替え、値を入力していきます。

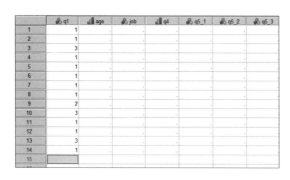

ひとつのセルに値を入力した後、**Enter** キーもしくは「↓」(下矢印) キーを押すと下方向に、**Tab** キーもしくは「→」(右矢印) キーを押すと右方向に入力セルが移動します。

あるいは、値ラベルがついている場合、値を直接入力する代わりにドロップダウンリストから選択して入力することもできます。

[値ラベル] アイコンを押して値ラベルを表示します。

入力したいセルを選択すると、セルの右端に ▼ ボタンが現れるので、クリック。

表示されたリストから入力したい値のラベルをクリックします。

Attention

このドロップダウンリストは、ケースが有効になっていないと表示されません(有効なケースとはセルに何らかの入力がされているケースで、左端のケース番号が黒く表示されています)。
入力するケース数があらかじめわかっている場合は、いったん最大のケース番号のセルに何か入力し、Delete キーを押して削除します。するとその行までのすべてのケースが有効になった状態で入力できます。

Step④ 多重回答の設定を行う

　データの入力が完了したら、多重回答グループの設定をしておきます。設定の手順は第1章 Section 5（30ページ）を参照してください。

Step⑤ ケースに連番をほどこす

　Step1で、回答用紙に連番を記入し、その順で入力しました。この連番があることで、分析の過程でデータにソート（並べ替え）をかけたりしても実際の回答用紙との対応が取れますし、簡単に最初に入力した順に戻すことができます。

▼1から始まる連番を〔no〕という変数名で保存する場合

　［変換］メニューから［変数の計算］をクリック。

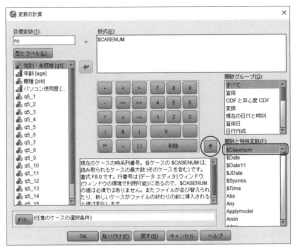

　［目標変数］に「no」と入力し、［数式］には「$casenum」と入力します。
　もしくは、［関数グループ］の［すべて］をクリックし、［関数と特殊変数］のリストから［$casenum］を選択して矢印ボタンをクリックします。
　［OK］をクリックすると、データエディタの右端に、連番の入力された新しい変数〔no〕が保存されます。

Attention

データエディタのフォントのサイズは［表示］メニューの［フォント］で変更できます。

Technic 変数定義のコマンドシンタックス

変数ビューで行う変数定義は簡単なシンタックスでも実行することができます。例を見てみましょう。

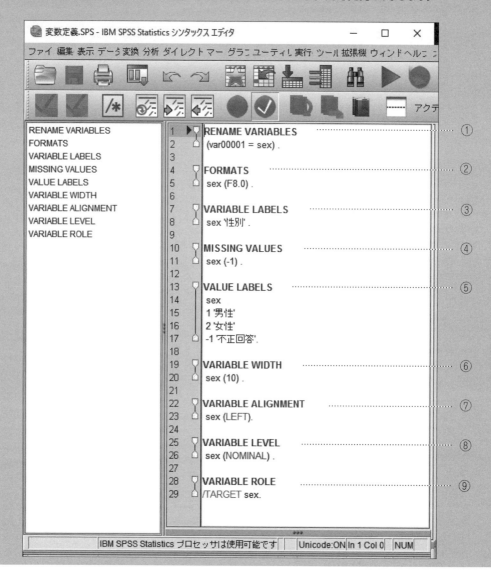

① **RENAME VARIABLES**
変数名を変更します。例では、〔var00001〕という変数名が〔sex〕という変数名に変更されます。

② **FORMATS**
変数のデータ型を変更します。例では、変数〔sex〕のデータ型について、デフォルトの「数値」、幅「8」のまま、小数桁数が「0」に変更されます。
🔖「数値」の場合、Fn.d（n：幅 d：小数桁数）で幅と小数桁数を指定します。

③ **VARIABLE LABELS**
変数ラベルを設定します。例では、変数〔sex〕に「性別」という変数ラベルがつけられます。

④ **MISSING VALUES**
ユーザー指定の欠損値を指定します。例では、変数〔sex〕について、値「-1」を欠損値とします。

⑤ **VALUE LABELS**
値ラベルを設定します。例では、変数〔sex〕について、値「1」に「男性」、値「2」に「女性」、値「-1」に「不正回答」と値ラベルがつけられます。

⑥ **VARIABLE WIDTH**
列の幅を設定します。例では、変数〔sex〕の列の幅が「10」に設定されます。

⑦ **VARIABLE ALIGNMENT**
配置を設定します。例では、変数〔sex〕の配置が「左」に設定されます。
🔖 LEFT:「左」 CENTER:「中央」 RIGHT:「右」

⑧ **VARIABLE LEVEL**
測定尺度を設定します。例では、変数〔sex〕の尺度が「名義」に設定されます。
🔖 SCALE:「スケール」 ORDINAL:「順序」 NOMINAL:「名義」

⑨ **VARIABLE ROLE**
役割を設定します。例では、変数〔sex〕の役割が「目標」に設定されます。
🔖 INPUT:「入力」 TARGET:「対象」 BOTH:「両方」 NONE:「なし」 PARTITION:「区分」 SPLIT:「分割」

☞ ひとつのコマンド内で複数の変数を指定する場合の記述については、巻末の「使えるシンタックス一覧」を参照してください。

データ値をリストして変数定義を行う

[変数プロパティの定義] 機能を使用すると、変数がスキャンされ、データ値がリストされます。変数ビューでの設定と異なり、リストされたデータ値を見ながら値ラベルを設定できる点が便利です。自動的に値ラベルを割り当てることもできます。

Step① [データ] メニューから [変数プロパティの定義] を選択します。右のようなダイアログが現れたら、スキャンしたい変数を右側の [スキャンする変数] に移動し、[続行] をクリックします。

Step② 左側の [スキャンされた変数のリスト] で変数を選択すると、右側に変数定義情報が表示されます。

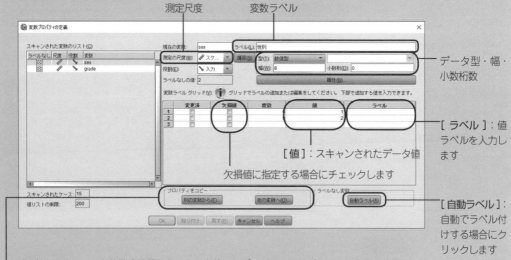

- [値]：スキャンされたデータ値
- 欠損値に指定する場合にチェックします
- 測定尺度
- 変数ラベル
- データ型・幅・小数桁数
- [ラベル]：値ラベルを入力します
- [自動ラベル]：自動でラベル付けする場合にクリックします

その他、スキャンした複数変数間において、定義したプロパティをコピーすることもできます。

[プロパティをコピー] で次のボタンをクリックします。

[別の変数から]：選択した変数に別の変数のプロパティをコピーする場合

[他の変数へ]：選択した変数のプロパティを別の変数（群）にコピーする場合

異なるデータファイルの変数定義情報を適用する

［データ プロパティのコピー］機能を使用すると、既存の SPSS データファイルと同じ変数定義を持ったカラの新しいデータファイルを作成したり、作業中のデータファイルに異なるデータファイルの変数の定義情報をコピーしたりできます。同じ内容のアンケート調査を毎月実施して SPSS データファイルを作成するような場合や、以前作成した定義情報をそのまま利用したい場合などに便利です。

Step❶ ［データ］メニューから［データ プロパティのコピー］を選択します。［ステップ 1/5］（下図）で［参照］ボタンを押してコピー元となる外部 SPSS データファイルを選択します。

Step❷ ［ステップ 2/5］（下図）で、コピー方法と対象の変数を選択します。

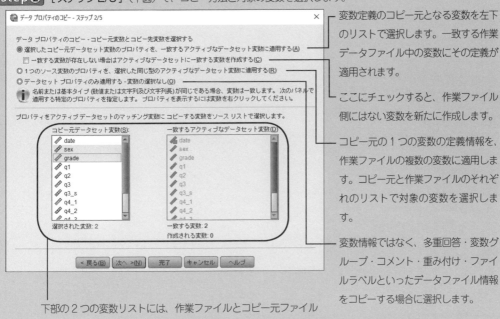

- 変数定義のコピー元となる変数を左下のリストで選択します。一致する作業データファイル中の変数にその定義が適用されます。
- ここにチェックすると、作業ファイル側にはない変数を新たに作成します。
- コピー元の1つの変数の定義情報を、作業ファイルの複数の変数に適用します。コピー元と作業ファイルのそれぞれのリストで対象の変数を選択します。
- 変数情報ではなく、多重回答・変数グループ・コメント・重み付け・ファイルラベルといったデータファイル情報をコピーする場合に選択します。
- 下部の2つの変数リストには、作業ファイルとコピー元ファイルで変数名とデータ型が一致する変数のみがリストされています。

ウィザードに従って、以降のステップでは、適用するプロパティの種類や、情報を上書きするのか、結合するのかなどを選択していきます。

Section 2 度数データ

扱いたいデータが表2.2.1のような度数データである場合があります。

【表2.2.1】　ある製品についての好き嫌い

	好き	嫌い
Aグループ	2名	3名
Bグループ	1名	4名
Cグループ	3名	2名

SPSSでは1ケースが分析の1単位を表すことが基本ですので、たとえば図2.2.1のようにそのまま入力してしまうと、本来のデータの意味とは異なるデータ構造となってしまいます。

【図2.2.1】　誤ったデータ構造

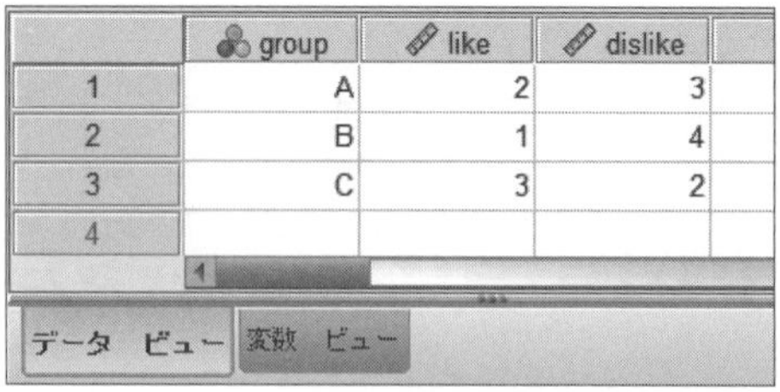
group
like
dislike
1
A
2
3
2
B
1
4
3
C
3
2
4
データ ビュー
変数 ビュー

表2.2.1のデータの対象は全部で15名であり、それぞれ所属するグループと、製品についての好みという2つの情報を持っているので、正しいデータ構造は15ケースについて変数が2つある図2.2.2のような形になります。

【図2.2.2】　正しいデータ構造

	group	prf
1	A	好き
2	A	好き
3	A	嫌い
4	A	嫌い
5	A	嫌い
6	B	好き
7	B	嫌い
8	B	嫌い
9	B	嫌い
10	B	嫌い
11	C	好き
12	C	好き
13	C	好き
14	C	嫌い
15	C	嫌い

しかし、扱うケース数（度数）が大量である場合は、全ケースについてこのような形で入力するのはかなり大変です。

ケースの重み付け

そこでSPSSでは、[ケースの重み付け] という機能を使います。この機能を使用すると、同じ情報を持つケース、つまりクロス集計表の同じセルに属するケースについて1行入力するだけで済みます。

データエディタには図2.2.3のように入力します。

Step ❶ 変数〔freq〕に、その情報を持つケースの数（セルの度数）を入力します。

【図2.2.3】

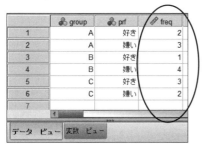

Step❷ さらに、この変数〔freq〕が度数を表す変数であることを指定します。

［データ］メニューから［ケースの重み付け］をクリックします。

［ケースの重み付け］にチェックし、左側の変数リストから［度数変数］に変数〔freq〕を投入します。

［OK］を押すと設定完了です。

このようにケースに重み付けをすることで、各ケースが変数〔freq〕の数だけ存在しているものとして扱われることになります。

重み付けを設定すると、データエディタの右下のステータスバーに［重み付き オン］と表示されます。ケースの重み付けの設定が有効になっているかどうかはこの表示で確認できます。

［ケースの重み付け］ダイアログボックスで［ケースの重み付けなし］にチェックするまで、この設定は有効です。重み付けをオンにしたままデータファイルを保存すると、次回そのファイルを開いたときにも重み付けが有効になっています。

 Attention

重み付けに使用できる変数は一度に1つだけです。他の変数を重み付け変数として使用するときは、［ケースの重み付け］ダイアログボックスで変数を投入しなおします。

図2.2.3のデータでケースの重み付けを行った状態で変数〔group〕(グループ) と〔prf〕(好み) のクロス集計表を出力（[分析]⇒[記述統計]⇒[クロス集計表]）してみると……

処理したケースの要約

	有効数		ケース 欠損		合計	
	度数	パーセント	度数	パーセント	度数	パーセント
グループ * 好み	15	100.0%	0	0.0%	15	100.0%

グループと好みのクロス表

度数

		好み 好き	好み 嫌い	合計
グループ	A	2	3	5
	B	1	4	5
	C	3	2	5
合計		6	9	15

有効ケース数が15あり、表2.2.1のデータが正しく認識されていることが確認できます。

［ケースの重み付け］のその他の利用方法

［ケースの重み付け］手続きは、度数データの入力の他にも、比較したいグループのサンプル数に偏りがある場合にグループごとに重みをつけてケース数を調整したり、あるグループの測定値に特定の重みをつけてその後の計算を行ったり、といった目的などに応用できます。

Section 3 　SPSSデータ

SPSSはWindows、Mac OS、AIX、Linux、Solarisなど、複数のオペレーティングシステム（OS）に対応しています。

SPSSのバージョンと対応OS

WindowsとMac OSについては、SPSSバージョン20以降の対応OSは以下のとおりです。

OS ＼ Ver.	24	23	22	21	20
Windows 10	○	○			
Windows 8/8.1	○	○	○	○※	
Windows 7	○	○	○	○	○
Windows Vista		○	○	○	○
Windows XP			○	○	○
Mac OS X 10.11	○	○			
Mac OS X 10.10	○	○			
Mac OS X 10.9		○	○		
Mac OS X 10.8			○	○	
Mac OS X 10.7			○	○	○
Mac OS X 10.6				○	○

※Windows 8のみ

▼ 使用しているSPSSのバージョンを確認するには

SPSSを起動し［ヘルプ］メニューから［バージョン情報］をクリックすると……

また、異なるバージョンやOSデータファイルには、次のような関係があります。

異なるバージョン間の互換

上位互換 上位のバージョンでは下位のバージョンで作成されたデータファイルをそのまま開くことができます。

下位互換 基本的に、上位のバージョンで作成されたデータファイルをそのまま下位のバージョンで開くことができます。ただし、データファイルに反映される上位バージョンで追加・変更された機能については、無視されたり、下位バージョンで表現できる形に置き換えられたりすることがあります。

異なるOS間の互換

同位もしくは上位のバージョンであれば、異なるOSのSPSSで作成されたデータファイルをそのまま開くことができます。データファイルを保存するときにファイルの種類を［Portable（*.por）］とすれば、バージョンに関係なく開くことができます。

☞ データファイルの保存形式については第5章 Section 2（238ページ）を参照

Attention

■ SPSS出力ファイルの互換性について

出力ファイルには、Ver.7.5～15（拡張子が .spo）と、Ver.16以降（拡張子が .spv）の間で区切りがあります。Ver.15以前のバージョン間、およびVer.16以降のバージョン間では基本的に上位互換があります。下位互換については、Ver.15以前のバージョン間は基本的にありません。Ver.16以降のバージョン間では、上位のバージョンで追加・変更された手法の結果については下位のバージョンで表示することはできませんが、それ以外の手法についてはバージョンに関係なく表示することができます。

Attention

■ **SPSSがインストールされていないPCでSPSS出力ファイルを閲覧するには**

SPSSがインストールされていないPCでSPSS出力ファイルを閲覧、もしくはVer.15以前の古い.spoファイルを閲覧したい場合、専用のアプリケーションが必要です。

Legacy Viewer：.spoファイルを閲覧するためのアプリケーションです。SPSS16のインストールメディアに同梱されています。(ただし、このソフトはWindowsのみ対応で、ver.16以降で作成された.spvファイルは閲覧できません。)

Smart Reader：.spvファイルを閲覧するためのアプリケーションです。Ver.16～20があり、各SPSSバージョンに対応しています（例えばVer. 20で作成された.spvファイルを閲覧したい場合は、Smart Reader 20をインストールする必要があります）。Ver.16、17、18は各インストールメディアに同梱されています。Ver.19、20については、IBM Webサイト（252ページの参考文献参照）よりダウンロード可能です。

Ver. 21以降で作成された.spvファイルについては、Smart Viewerは提供されていません。SPSSで出力ファイルを閲覧可能な他の形式（HTML、PDF、MS Word、MS Excel、MS PowerPoint等）にエクスポートします。

▼ 既存のSPSSのデータファイルを開くには

［ファイル］メニューの［開く］から［データ］を選択するか、

データエディタのツールバーにある ([開く] アイコン) をクリックします。

すると、[データを開く] ダイアログボックスが現れるので、開きたいファイルを選択し、[開く] ボタンをクリックします。

あるいは、最近開いたことのあるデータファイルであれば、[ファイル] メニューの [最近使ったデータ] にある過去に開いたファイルのリストから、目的のファイルをクリックします。

Attention

既存のSPSSファイルを開くシンタックスは次のようになります。
開きたいファイル「**sample.sav**」が、CドライブのMy Documentsというフォルダに保存されている場合……
GET FILE= 'C:￥My Documents￥sample.sav'.

Technic 「最近使ったデータ」に表示するファイル数を変更する

　上記のリストや、ナビゲーション画面（57ページ参照）に表示されるファイル数は、[編集] メニューの [オプション] で変更できます。

　[ファイルの場所] タブの [最近使ったファイルの一覧] で、0～10 のファイル数を設定します。設定は次にセッションを開始したときに有効になります。

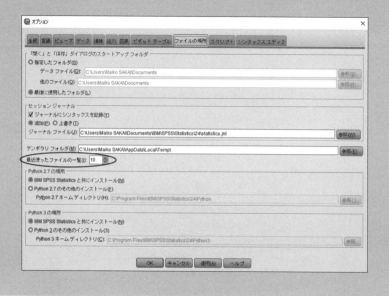

Section 4　EXCEL データ

SPSS で Microsoft EXCEL のデータを読み込むには、次の2つの方法があります。

方法 1　EXCEL ファイルを直接開く
データの定義情報を入力する必要がなく、簡単な設定のみで読み込むことができます。
☞ 操作方法については 83 ページ以降を参照

方法 2　[データベース ウィザード] を介して読み込む
ケースを条件抽出したり、複数のシートのデータを結合させるなどして、より柔軟にデータを読み込むことができます。
☞ 操作方法については 86 ページ以降を参照

EXCEL データの整形

SPSS に読み込む場合、次の点に注意して EXCEL データを作成、あるいは修正します。

Point 1　1 行目に変数名、間をおかず 2 行目からデータを入力する
変数名の行のすぐ下の行からをデータとして読み込みます。そのため、変数名の行とデータの最初の行との間に空白行があると、欠損値や空白値として読み込まれます。

Point 2　同一列（変数）内のデータに数値と文字を混在させない
SPSS では 1 つの変数は 1 つのデータ型を持ちます。そのため、EXCEL データの各列で統一されたデータの値を持っていないと正しく読み込まれません。
☞ データ型についての詳細は第 1 章 Section 3（18 ページ）を参照

たとえば、次のような EXCEL データを SPSS に読み込んだ場合……

▼ EXCEL

	A	B	C	D	E	F	G
1	aaa	bbb	ccc	ddd	eee	fff	ggg
2	1	1	あ				
3	2	い	い	2	2	い	い
4	3	3		3	3		う
5		4	え	4		え	4
6	5	5	5		お	お	

▼ SPSS

	aaa	bbb	ccc	ddd	eee	fff	ggg
1	1	1	あ	.	.		.
2	2	い	い	2	2	い	い
3	3	3		3	3		う
4	.	4	え	4	.	え	4
5	5	5	5	.	お	お	.

　変数〔bbb〕〔ccc〕〔eee〕〔ggg〕のように、EXCEL データの同一列中に数値と文字が混在していると、文字型変数として読み込まれます。また、EXCEL での空白セルは、SPSS に文字型変数として読み込まれた場合は空白値となり、数値型変数として読み込まれた場合はシステム欠損値となります。

　では、次ページから方法1（直接開く）と方法2（データベース ウィザード）の操作方法を確認しましょう。

Technic　EXCEL での変数名のつけ方のコツ

　SPSS に読み込む EXCEL データの変数名は、あらかじめ SPSS での変数名のつけ方のコツに沿ってつけておくと便利です。　　　　　　　　☞ 変数名のつけ方については第1章 Section 2（10 ページ）を参照
　SPSS に読み込んだ後で、変数の内容を表す変数ラベルを設定します。
　✎ EXCEL データに変数名の行がない場合は、〔v1〕〔v2〕… といった変数名が自動的につけられて読み込まれます。

方法1　EXCELファイルを直接開く

Step① SPSSファイルを開くときと同じように、[ファイル] メニューの [開く] から [データ] をクリック、あるいは 📁 ([開く] アイコン) をクリックします。もしくは [ファイル] メニューの [データのインポート] から [Excel (E) ...] を選択しても同じです。

Step② [データを開く] ダイアログボックスで、[ファイルの種類] の右端のボタンをクリックします。

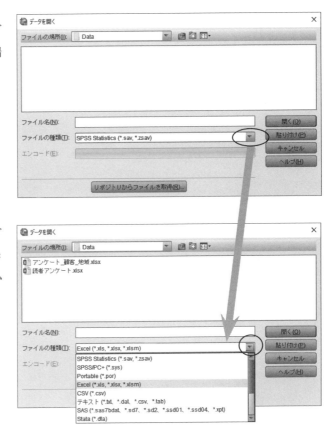

Step③ ファイルの種類のドロップダウンリストが現れるので、[Excel(*.xls, *.xlsx, *.xlsm)] をリストから選択します。

Step④ [ファイルの場所] を読み込みたいEXCELファイルの保存されているフォルダにあわせ、目的のファイルを選択し、[開く] ボタンをクリックします。

Section 4　EXCELデータ

Step⑤ 次のような［Excel ファイルの読み込み］ダイアログボックスが開きます。

［ワークシート］には、選択した EXCEL データのシートのうち、データが入力されているシート名とデータ範囲が自動的に認識され、リストされます。

表示されている以外のシートを読み込みたい場合は、右端のボタンをクリックし、ドロップダウンリストから目的のシートを選択します。

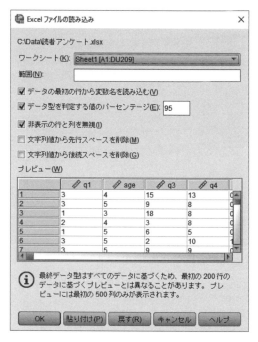

EXCEL 上でデータがシートの左上端から入力されていない場合、あるいはデータの一部を読み込みたい場合は、［範囲］で読み込みデータの範囲を指定します。

たとえば、EXCEL データの以下の範囲だけ読み込みたい場合は、

［範囲］を次のように「**A1：D10**」と指定します。

Step❻ ［データの最初の行から変数名を読み込む］にはあらかじめチェックがついています。変数名の行がない場合はこのチェックをはずします。

万一、同じ列に異なるデータ型の値が含まれていた場合、［データ型を判定する値のパーセンテージ］で指定したパーセンテージを超えて特定の型のケースが存在すれば、その型で読み込まれます。

✎ たとえば、「一日の平均睡眠時間」の質問でほとんどが整数値で入力されている中で、少数のケースで「6～7」などと数値ではない値で入力されている場合などです。この変数が「数値型」と判定されれば、「6～7」という値はシステム欠損として読み込まれます。
ここで指定されたパーセンテージを超えることなく複数のデータ型の値が含まれている場合は、文字型として読み込まれます。

［非表示の行と列を無視］は、Excel 2007 以降のファイル（XLSX、XLSM）に対してのみ使用でき、EXCEL ファイルで非表示に設定されている行と列は読み込まれません。

［文字列値から先行スペースを削除］［文字列値から後続スペースを削除］にチェックすると、それぞれ文字列値の最初もしくは最後にあるスペースが削除されます。

方法 2　データベース ウィザードを介して読み込む

Step❶　［ファイル］メニューの［データのインポート］にある［データベース］から［新規クエリー］を選択します。

すると、次のような［データベース ウィザード］の開始画面が開きます。

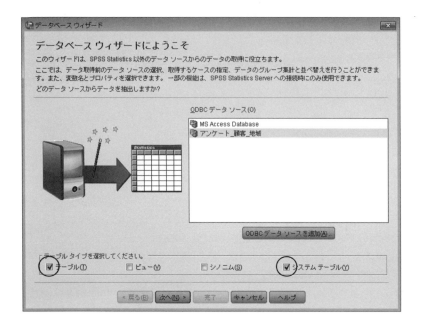

開きたい EXCEL データが設定されたデータソース名をリストから選択します。［テーブルタイプを選択してください］で［テーブル］と［システムテーブル］にチェックをして、［次へ］をクリックします。

　✎　データソースの設定を行っていない状態で選択すると、**[ODBC ドライバログイン]** ダイアログが開きます。データソースの設定を行ってからこの手順を進めてください。

☞ データソースの設定方法については Section 6（107 ページ）を参照

ここでは、次のような3つのシートを持つブック形式の EXCEL データを読み込みます。

> **シート <読者アンケート>**
>
> 雑誌アンケートの回答データ。回答者が既存の顧客である場合は、その顧客番号が変数〔NO〕に入力されています。
>
> **シート <顧客情報>**
>
> 全顧客の顧客番号〔NO〕、居住地域〔AREA〕などに加え、会員歴、購買金額合計、来店回数などの情報。
>
> **シート <地域情報>**
>
> 居住地域〔AREA〕の人口や平均年収額、自社店舗の数などの情報。

Step❷ データベース ウィザード [データの選択]

左側の [使用可能なテーブル] に3つのシート名がリストされています。

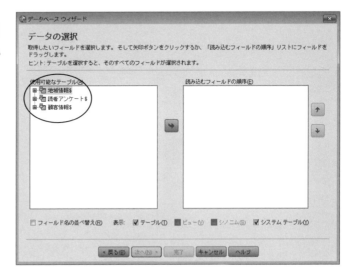

Section 4　EXCEL データ

ここで、シート［顧客情報］のデータだけを読み込みたい場合は、シート名をダブルクリックするか、クリックしたまま右側のリストまでドラッグし、ドロップします。

各シートに含まれる変数を表示するには、シート名の左にある［＋］部分をクリックします。ここから読み込みたい変数だけを右側のリストに投入することもできます。

読み込むシートや変数を投入し終わったら、［次へ］をクリックします。

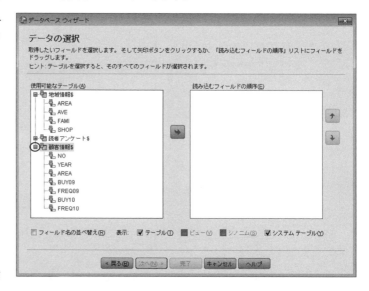

今回は3つのシートすべてを読み込みます。

Step❸ データベース ウィザード［リレーションシップの指定］

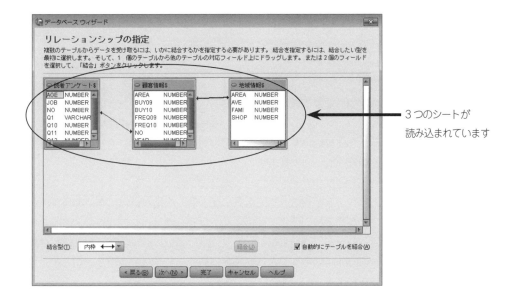

3つのシートが
読み込まれています

　複数のシートを読み込んだ場合、シート間のデータを結合するキーとなる変数を指定する必要があります。

　同一の変数名とデータ型を持つフィールドがある場合、自動的に結合され、変数名が線で結ばれています。

　手動で結合を指定するときは、右下の［**自動的にテーブルを結合**］のチェックをはずし、対となる一方の変数名をクリック＆ドラッグし、別のシート上の関連づける変数名の上にドロップします。

　さらに、結合の種類を指定します。次ページの3つの結合の種類があります。

内枠結合 キーとなる2つの変数の値について、両方のシートに存在する行（ケース）だけが読み込まれます。たとえば、シート［**パソコン雑誌アンケート**］と［**顧客情報**］を、変数〔NO〕をキーに内枠結合すると、〔NO〕が一致するケースについてのみ、顧客情報とアンケート回答のデータが作成されます。

右外枠結合 右にあるシートからはすべての行（ケース）を取り込み、左にあるシートからはキーとなる変数の値が右側のシートに存在する行だけが取り込まれます。たとえば、シート［**パソコン雑誌アンケート**］と［**顧客情報**］を、変数〔NO〕をキーに右外枠結合すると、全顧客情報に加え、〔NO〕の一致する顧客のアンケート回答が取り込まれます。

左外枠結合 左にあるシートからはすべての行（ケース）を取り込み、右にあるシートからはキーとなる変数の値が左側のシートに存在する行だけが取り込まれます。たとえば、シート［**顧客情報**］と［**地域情報**］を、変数〔AREA〕（地域名）をキーに左外枠結合すると、全顧客情報に居住地域の情報が追加されたデータが作成されます。

ウィザード上で結合の種類を指定するには、結合を表す線をクリックして選択し、［**結合型**］でドロップダウンリストから目的の結合をクリックして、［**OK**］を押します。

✎ 使用するODBCドライバによってサポートされていない結合方法もあります。

☞ ODBCドライバについてはSection 6（107ページ）を参照

結合の種類を設定し終わったら、［**次へ**］をクリックします。

今回の例では、アンケートに回答した既存の顧客について、顧客情報とその居住地域の情報を加えたデータを作成したいので、内枠結合します。

Step④ データベース ウィザード［抽出するケースの制限］

このステップでは、読み込むデータの条件を指定することができます。
すべてのデータを読み込む場合は、そのまま［次へ］をクリックして進みます。

［ケースの無作為抽出］にチェックすると、元データからケースを無作為に抽出して読み込むことができます。

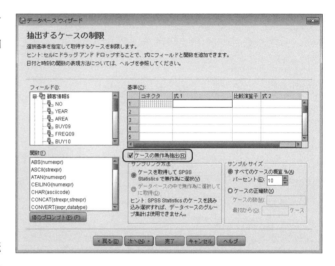

あるいは、条件に合うケースだけを読み込むこともできます。たとえば、年齢〔age〕が30～34歳（値「5」）で、かつ職種〔job〕が営業職（値「1」）である回答者のデータだけを読み込みたい場合は、右のように入力します。

各セルにカーソルをおくと、ドロップダウンリストから変数名や条件式、コネクターを選択することができます。式2では、値を直接入力します。

条件式の設定がおわったら、［次へ］をクリックします。

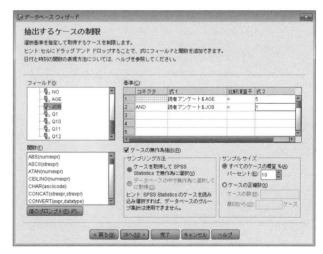

Step⑤ データベース ウィザード［変数の定義］

ここでは、変数名を定義します。EXCEL データでの変数名が SPSS での変数名の規則に沿っている場合は、そのまま読み込まれます。変数名が半角 64 文字以上の場合は 64 文字で切り詰められ、元の内容は変数ラベルとして読み込まれます。変数名に重複がある場合や変数名がない場合は、SPSS によって自動的に適切な変数名がつけられます。

文字型変数の場合、［数値への値の再割り当て］のチェックをオンにすると、連続した整数値に置き換えられ、元の文字列値は値ラベルとなります。［文字型フィールドの幅］では、読み込む文字列の最大幅（半角文字数）を設定できます。

さらに、変数名の内容を確認し、必要ならば修正をした上で［次へ］をクリックします。

Step⑥ データベース ウィザード［結果］

ウィザードで設定した内容が SQL クエリーとして生成されます。

今後同じ設定の読み込みを行わない場合は、そのまま［完了］をクリックします。

［続けて修正するためシンタックスエディタに貼り付け］にチェックして［完了］を押すと、シンタックスエディタにクエリーが貼り付けられます。

クエリーを保存して今後も使用する場合は、［参照］ボタンをクリックし、クエリーの名前と保存場所を設定した上で、［完了］をクリックします。

Section 5 テキスト形式のデータ

　テキスト形式のデータとは、データの型や書式などが保存されているデータベースとは異なり、単純に数値や文字がテキストとして入力されているだけのテキストファイルデータのことです。テキスト形式のデータには「固定書式」と「自由書式」という2種類の形式があります。

固定書式のテキストデータ

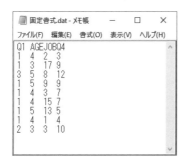

　各列（変数）が決まった幅（桁数）を持ち、すべての行（ケース）について同じ列位置に同じ変数の情報が入力されます。

◆ この例の場合、4つの変数はそれぞれ3桁ずつの幅を持っています。

自由書式のテキストデータ

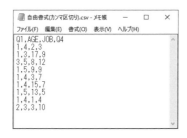

　各変数の情報が、スペース、カンマ、タブなどを区切り文字とし、羅列的に入力されます（各ケースについて入力される変数の順序は同じです）。したがって、同じ変数の情報は必ずしも同じ列位置にはありません。

◆ この例の場合、カンマを区切り文字として4つの変数の情報が1ケースを1行として入力されています。

SPSS にテキストデータを読み込む

では、SPSS にテキスト形式のデータを読み込む手順を確認しましょう。

Step❶ どちらの書式の場合も、まず［ファイル］メニューの［データのインポート］から［テキスト データ］を選択します。カンマ区切りの自由書式（CSV 形式）の場合は、［**CSV データ**］を選択すると、より簡単な手続きで読み込めます（☞ 105 ページ参照）。

［データを開く］ダイアログボックスが開きます。

✎ 読み込みたいファイルの拡張子が「.txt」「.dat」「.csv」「.tab」でない場合は、［ファイルの種類］ドロップダウンリストから［**すべてのファイル（*.*）**］を選択します。

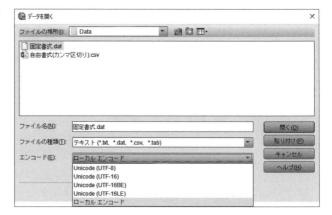

Step❷ ファイルを選択して、適切なエンコードを［エンコード］ドロップダウンリストから選び、［開く］をクリックします。

✎ 固定幅の Unicode データの場合、このウィザードでは読み込めないので［**ローカル エンコード**］を選択します。

すると、テキスト インポート ウィザードの開始画面が開きます。

94　第 2 章　材料を仕入れましょう　－データを入力する

固定書式の場合

ファイルを選択して開くと、[テキスト インポート ウィザード]の開始画面が開きます。

Step① テキスト インポート ウィザード（ステップ 1/6）

初めて読み込むファイルの場合、そのまま［次へ］をクリックします。

Step② テキスト インポート ウィザード（ステップ 2/6）

変数名を含んだ固定書式のファイルを読み込む場合、[元データの形式]で[固定書式]にチェックします。[ファイルの先頭に変数名を含んでいますか?]で[はい]にチェックし、変数名が含まれる行番号をデータに合わせて設定します。

[10進記号]（小数点を示す文字）では、小数点を示す文字が[ピリオド]であるか[カンマ]であるかを選択します。

[次へ]をクリックして進みます。

Attention

ここで右のようなエラー画面が現れる場合、Step2 (94 ページ) に戻り、[エンコード] で [ローカル エンコード] を選択し直してください。

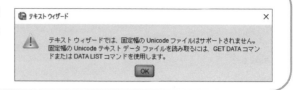

Step❸ テキスト インポート ウィザード（ステップ 3/6）

Step 2 でデータの先頭が変数名であることを指定したので、[最初のケースの取り込み開始行番号] は「2」となっています。それ以外の行からデータの読み込みを開始する場合は、その行番号を入力します。

1 行が 1 ケースを表している場合、[1 つのケースを表す行数] は「1」のままとします。

1 ケースのデータが複数行に渡っている場合は、その行数を入力します。

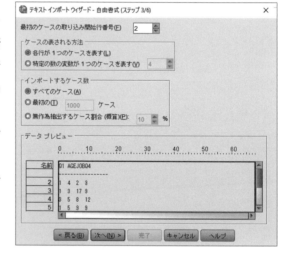

[インポートするケース数] では、読み込むケースの条件を指定できます。

すべてのケースを読み込む場合 は [すべてのケース] にチェックします。

最初の何ケースかだけを読み込む場合 は [最初の ◯◯◯ ケース] にチェックし、読み込むケース数をテキストボックスに入力します。

無作為に何パーセントかのケースを抽出する場合 は、[無作為抽出するケースの割合（概算）] にチェックし、そのパーセントをテキストボックスに入力します。

指定が完了したら、[次へ] をクリックします。

Step❹ テキスト インポート ウィザード（ステップ 4/6）

このステップでは、各変数を区切る位置を分割線で指定します。

自動で引かれた分割線の位置が適切でない場合は、分割線をドラッグして正しい区切り位置に移動します。もしくは、[列の数]（「列の位置」の誤訳と思われます）の空欄に分割線の位置（この例の場合、0、3、6、9）を入力しては［分割線の挿入］ボタンをクリックして設定していきます（不要な分割線を削除するには、分割線をクリックした上で［分割線の削除］をクリックします）。

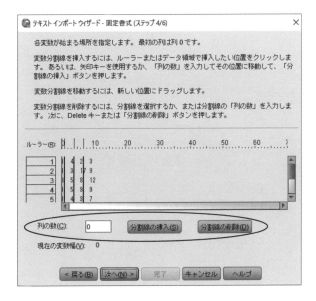

この例では、以下のように分割線を設定します。

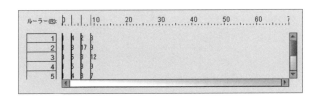

正しい位置で分割線を設定できたら、［次へ］をクリックして進みます。

Section 5　テキスト形式のデータ　97

Step5 テキスト インポート ウィザード（ステップ 5/6）

［データ プレビュー］部分に、変数名とデータが表示されます。変数名とデータの区切りが正しく設定されているかどうか確認します。

正しく設定されていない場合は、［戻る］ボタンをクリックして設定を間違ったステップまで戻り、修正します。

データプレビューの変数名部分をクリックすると、以下のように［変数名］と［データ形式］を設定できます。

［データ形式］のドロップダウンリストでは、
［自動］
［インポートしない］
［数値］
［文字列］
［日付と時刻］
［ドル記号（$）］
［カンマ］
［点］を選択できます。

［インポートしない］に設定すると、その変数は読み込まれません。

［自動］に設定すると、自動でデータ型が判定されます。万一、同じ変数に異なるデータ型の値が含まれていた場合、［自動データ形式を判定する値のパーセンテージ］で指定したパーセンテージを超えて特定の型のケースが存在すれば、その型で読み込まれます。

ここで指定されたパーセンテージを超えることなく複数のデータ型の値が含まれている場合は、文字型として読み込まれます。

この例の場合、4つの変数のデータ型をすべて数値型に設定したいので、以下のようにデータプレビューで4つの変数のデータ上をドラッグしてすべて選択し、［データ形式］を［数値］とします。

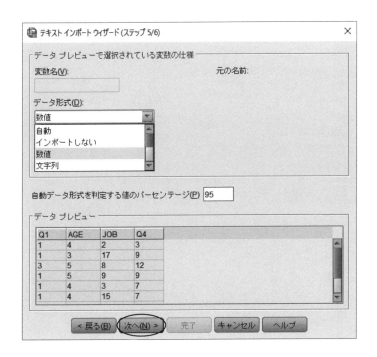

すべての変数の設定が完了したら、［次へ］をクリックします。

Step❻ テキスト インポート ウィザード (ステップ 6/6)

最後のステップです。

ここまでの設定を保存して再度使用したい場合は、[あとで使用できるようにこのファイル形式を保存しますか？] で [はい] にチェックし、[保存] ボタンをクリックして TextWizard 定義済みフォーマットファイル (∗.tpf) として保存するよう設定します。すると、同じファイルを再度読み込む際に Step 1 で設定を再利用するよう指定することができます。

[シンタックスを貼り付けますか？] で [はい] を選択すると、ここまでの設定がシンタックスとして貼り付けられます。

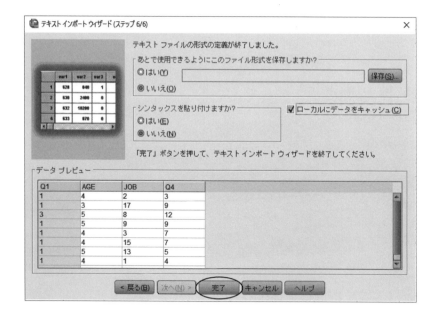

設定が終了したら、[完了] をクリックします。固定書式のデータが SPSS に読み込まれます。

自由書式の場合（テキストインポートウィザードを使用）

ファイルを選択（☞ 94 ページ）して開くと、次のような [テキスト インポート ウィザード] の開始画面が開きます。

Step❶ テキスト インポート ウィザード（ステップ 1/6）

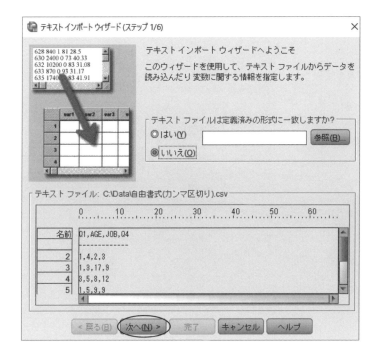

初めて読み込むファイルの場合、そのまま [次へ] をクリックします。

✎ 保存してある TextWizard 定義済みフォーマット（*.tpf）を適用する場合は、[テキストファイルは定義済みの形式に一致しますか？] で [はい] にチェックし、[参照] ボタンを押して保存しているフォーマットファイルを指定し、[完了] をクリックします。すると、フォーマットファイルに保存された設定が反映された上で Step 6 に進みます。

Step❷ テキスト インポート ウィザード（ステップ 2/6）

　変数名を含んだ自由書式のファイルを読み込む場合、[元データの形式] で [自由書式] にチェックします。[ファイルの先頭に変数名を含んでいますか？] で [はい] にチェックし、変数名が含まれる行番号をデータに合わせて入力します。

　[10 進記号] では、小数点を示す文字が [ピリオド] であるか [カンマ] であるかを選択します。

　[次へ] をクリックして進みます。

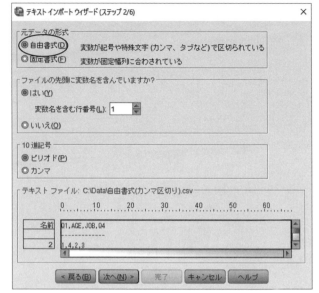

Step❸ テキスト インポート ウィザード（ステップ 3/6）

　このステップにおける設定内容は、固定書式のテキストデータの場合と同様です。

　☞ 詳細は 96 ページを参照

　設定が完了したら [次へ] をクリックして進みます。

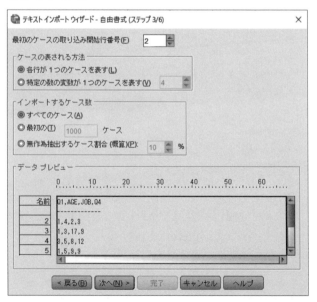

102　第 2 章　材料を仕入れましょう　－データを入力する

Step❹ テキスト インポート ウィザード（ステップ 4/6）

ここでは自由書式で使用されている区切り文字を設定します。

［タブ］［スペース］［カンマ］［セミコロン］のほかに、［その他］としてテキストボックスに区切り文字を入力して指定することができます。

区切り文字は複数設定することができます。

［**先行スペースと後続スペース**］では、文字列値の最初もしくは末尾に空白値がある場合に削除して読み込むかどうかを選べます。

［**テキスト修飾子**］では、文字列値を囲んでいる修飾子がある場合に、その修飾子を設定します。

Step5 テキスト インポート ウィザード（ステップ 5/6）

[データ プレビュー] 部分で、変数名とデータが表示されます。変数名とデータの区切りが正しく設定されているかどうか確認します。

変数名やデータ形式の設定方法の詳細については、固定書式のテキストデータの場合と同様です。

☞ 詳細は 98 〜 99 ページを参照

Step6 テキスト インポート ウィザード（ステップ 6/6）

最後のステップです。

☞ 設定内容の詳細は 100 ページを参照

設定が終了したら、[完了] をクリックします。自由書式のデータが SPSS に読み込まれます。

自由書式の場合（[CSVファイルの読み込み]メニュー）

このメニューを使用すると、テキスト インポート ウィザードよりも簡単な設定で読み込むことができます。

Step❶ [ファイル]メニューの[データのインポート]から[CSVデータ]を選択します。

[データを開く]ダイアログボックスが開きます。

[ファイルの場所]を読み込みたいカンマ区切りデータの保存されたディレクトリに合わせます。

ファイルを選択して、適切なエンコードを[エンコード]ドロップダウンリストから選び、[開く]をクリックします。

Step❷ [CSVファイルの読み込み]画面が開きます。

[最初の行に変数名が含まれます]にはあらかじめチェックがついています。変数名の行がない場合はこのチェックをはずします。

カンマ区切りデータですので、[値の間の区切り文字]は[カンマ]のまま、[10進記号]は[ピリオド]のままとします。

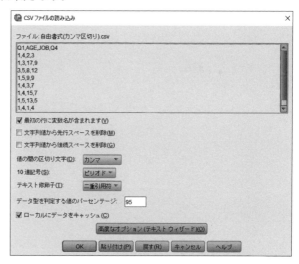

［文字列値から先行スペースを削除］［文字列値から後続スペースを削除］［テキスト修飾子］については、テキスト インポート ウィザードのステップ4/6と同様です。

☞ 詳細は103ページを参照

また、［データ型を判定する値のパーセンテージ］では、同じ変数に異なるデータ型の値が含まれていた場合、指定したパーセンテージを超えて特定の型のケースが存在すれば、その型で読み込まれます。

設定が完了したら、［OK］をクリックします。カンマ区切りのデータがSPSSに読み込まれます。

Attention

複数の区切り文字を設定したい場合や、読み込むデータ型を手動で指定したい場合などは、このメニューでは対応できません。［**高度なオプション（テキスト ウィザード）**］ボタンをクリックすると、テキスト インポート ウィザードが開くので、そちらで設定を進めましょう。（☞ 詳細は101ページ参照）

Section 6　ODBC 経由の読み込み

　ODBC ドライバを提供しているデータベースのデータであれば、SPSS に読み込むことができます。第 2 章 Section 4（86 ページ）で方法 2 として紹介したデータベース ウィザードを介して EXCEL データを読み込む手順も、実は EXCEL の ODBC ドライバを利用したものです。

　そのほかにも、ACCESS、SQL Server、dBASE、Oracle などさまざまデータベースのデータを読み込むことが可能です。これらの ODBC ドライバは、通常そのアプリケーションをインストールした際に一緒にインストールされています。SPSS のインストール CD や、IBM 社のホームページからも、IBM SPSS Data Access Pack としてさまざまな ODBC ドライバが提供されていますので、必要に応じてインストールしましょう。

　ODBC を経由して SPSS にデータを読み込む際は、既存のクエリーを実行するか、データベース ウィザードを介してデータを取得します。ここでは、データベース ウィザードで使用するデータソースを指定する方法を紹介します。

Step①　[ファイル] メニューの [データのインポート] にある [データベース] から [新規クエリー] を選択すると、次のようなデータベース ウィザードの開始画面が開きます。

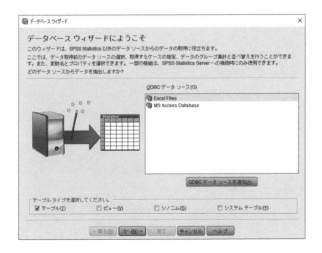

ここでリストされているのが、使用しているマシンで設定されているデータソースです。データソースとは、使用する ODBC ドライバとそれを利用して読み込むデータが、セットになって指定されているファイル名のようなものと考えてください。

　初期の状態では、どのデータソースにも、読み込むデータファイルが指定されていません。そのため、データベース ウィザードでデータを読み込むためには、まずデータソースの設定を行う必要があります。

Step❷ データベース ウィザードでデータソースを設定するには

　［ODBC データソースを追加］ボタンをクリックします。
　すると、次のような［ODBC データソース アドミニストレータ］画面が開きます。

　✎ この画面の詳細は、使用している Microsoft ODBC アドミニストレータのバージョンによって異なります。

　データソースの設定画面や手順の詳細は、ODBC ドライバによって異なります。
　ここでは、EXCEL のデータソースを設定する手順を見てみましょう。

Step❸ [ODBC データソースアドミニストレータ]の[ユーザーDSN]タブで、リストから
[Excel Files]を選択し、[構成]ボタンをクリックします。

あるいは、リストに[Excel Files]がない場合は、[追加]ボタンをクリックします。

すると、次のような[データソースの新規作成]画面が現れるので、リストから[Microsoft Excel Driver(＊.xls, ＊.xlsx, ＊.xlsm, ＊.xlsb)]を選択し、[完了]をクリックします。

 Attention

このリストにもEXCELのドライバがない場合は、使用しているマシンにドライバがインストールされていません。その場合、IBM SPSS Data Access Pack からインストールできます。

Step ④ 次のような［ODBC Microsoft Excel セットアップ］画面が現れます。

　［データベース］の［バージョン］のドロップダウンリストから、読み込みたい EXCEL データのバージョンを選択します。

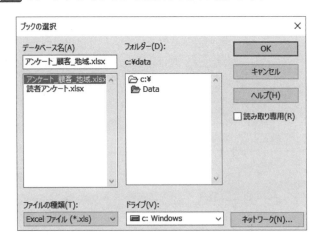

さらに［ブックの選択］ボタンをクリックします。

Step ⑤ 次のような［ブックの選択］画面が現れます。

読み込みたい EXCEL データを選択し、［OK］をクリックします。

Step6 ［ODBC Microsoft Excel セットアップ］画面に戻ります。

ここで設定したEXCELファイルの読み込みを今後も頻繁に行う可能性がある場合は、［データソース名］の「Excel Files」を消して別の名前をつけ、新しいデータソースとしておくとよいでしょう。

たとえば、この設定を「アンケート_顧客_地域」というデータソースとして保存する場合は、次のように入力します。

「Excel Files」というデータソース名のままとする場合は、今後異なるEXCELファイルを読み込むたびStep 3～5の手順でファイル名を指定します。

設定が完了したら、［OK］をクリックします。
［ODBCデータソースアドミニストレータ］画面に戻るので、そのまま［OK］をクリックします。

Step❼ ［データベース ウィザード］開始画面に戻ります。

　新しくデータソースを作成した場合、リストにそのデータソース名が追加されているのが確認できます。

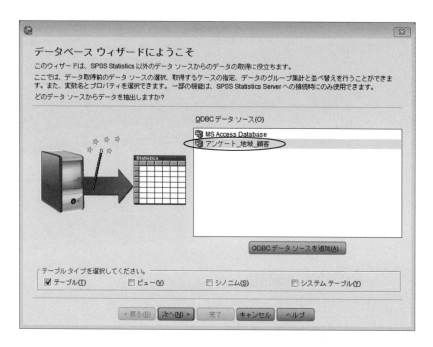

　以上の手続きでデータソースの設定が完了しました。

　読み込みたいデータベースが設定されたデータソースをリストから選択し、［次へ］をクリックしてデータベース ウィザードの次の設定（☞ 87 ページ）に進みます。

第3章
材料を吟味しましょう
データのクリーニング

　材料がそろい、「さあ料理の開始！」といきたいところですが、ちょっと待ってください。ここでもうワンステップ踏むことが大切です。仕入れた材料は、はたして料理に使えるものでしょうか？　傷んでいたり、汚れていたりしないでしょうか？　そんな材料をそのまま使ってしまっては、せっかくの料理も台無しです。
　この章では、間違ったデータや不十分なデータを発見して修正したり、分析から除外する手順を紹介します。

Section 1 不正回答の処理

アンケートデータの場合、回答方法の指示を満たさない不正な回答が含まれることがあります。このような不正回答はデータ入力前にあらかじめチェックし、どのような値として入力するかを決めておく必要があります。

第1章の中学生へのアンケート（22ページ）や第2章のパソコン雑誌の読者アンケート（58ページ）をもとに、いくつかの不正回答の例と、その処理方法を見てみましょう。

■例1　単回答（1つだけ選択肢を選ぶ）の質問で複数の回答をする

```
問13　本誌の購入状況を教えてください（ひとつ）
    1　初めて買った
   ②　特集によって買う
   ③　ときどき買う（年6冊以下）
    4　ときどき買う（年7冊以上）
    5　毎号買う
```

このように複数の選択肢を選んでいるデータは不正回答とし、「-1」などの値を与えてユーザー指定の欠損値（☞ 26ページ）とします。どちらか一方の回答を恣意的に選んで入力してはいけません。

しかし、上記の例のように「2」と「3」の両方を選択している回答者がある程度存在し、そういう回答も分析に含めたい場合は、新たに「6」といったカテゴリ値を割り当てるという方法も考えられます。

 Attention

このように不正回答にパターンが認められる場合は、質問の仕方や選択肢が適切であったかどうかを検討する必要があります。この場合、**「ひとつ選択する」**という指示が伝わりにくかったのかもしれません。あるいは「2」と「3」のどちらにも当てはまる**「特集によってはときどき買う」**という回答がぴったりくる回答者が多いということですから、選択肢を再検討すべきなのかもしれません。

■ 例2　多重回答の質問で、指示された最大数以上の回答をする

問8　パソコンやデジタルグッズ
　　　購入の際重視するのは？
　　　（最大2つまで）
　　　①　デザイン
　　　②　色
　　　3　価格
　　　4　性能
　　　⑤　ブランド
　　　6　サポート
　　　7　人気

　こういったケースも不正回答とします。選択肢の数だけ変数を作成する2分コード化形式で入力する場合も、最大回答数の数だけ変数を作成するカテゴリコード化形式で入力する場合も、すべての変数に「−1」などの値を与え、ユーザー指定の欠損値とします。

■ 例3　多重回答の質問で、指示された数未満の回答をする

問7　次に購入したいデジタル機器は
　　　何ですか？（最大5つまで）
　　　①　デスクトップ PC
　　　2　大画面ノート PC
　　　︙
　　　16　WEB カメラ
　　　⑰　デジタルカメラ
　　　18　デジタル一眼カメラ
　　　︙
　　　25　液晶テレビ（4K）
　　　26　プラズマテレビ

　最大5つまで選択できるところを2つだけ選択しています。残り3つ分は無回答となるので、5つ選んだ上で選択されなかった非選択の場合と区別するため、「−2」などの「無回答」の値を与えてユーザー指定の欠損値とします。

　2分コード化形式の場合は選ばれなかった選択肢の変数すべてに、カテゴリコード化形式の場合は選択されなかった個数分の変数に無回答の値を割り当てます。

■ 例4　該当する数字に1つ丸をつける質問で、2つ以上に丸をつけたり、数字と数字の間に丸をつけたりする

　こういった回答は不正回答とするか、あるいは、より「傾向の弱い」方向の回答を選ぶという方法もあります。つまり、この場合「3」が最も傾向が弱く、次に「2」と「4」、最も傾向が強いのが「1」と「5」となりますから、「2」と「3」を選んでいれば「3」を入力し、「4」と「5」の間に丸をつけていれば「4」を入力するといった具合になります。
　この例のように、並んだ数値から程度を選択させる形式で質問し、その結果を量的データとして分析に用いることがよくあります。しかし、こういった形式で得られたデータは本来は量的データではないので、上記のような例の場合に「2.5」や「4.5」といった値を入力してはいけません。
　「2」と「3」の間が「2.5」であるということが成り立つのは、量的データの場合だけです。

■ 例5　回答すべきでない質問に回答する

```
q3）塾に通っていますか？　　はい・⦅いいえ⦆

    ⇒「はい」と答えた人
q3_s）週に何日通っていますか？（ / ）日／週
```

　〔q3_s〕は、〔q3〕で「はい」と回答した人に対するサブクエスチョンなので、上記のように〔q3〕で「いいえ」と回答している場合は、〔q3_s〕に記入された回答は不正回答となります。「－1」などの値を与え、ユーザー指定の欠損値に設定します。

■ 例6　与えられた選択肢を選ばず、独自の回答を記入する

```
問13　当社のオンラインショッピングサイトにメンバー登録していますか？（ひとつ）

    1　登録している
    2　知らなかったので登録していない
    3　登録するつもりはない
    4　登録するのが怖い
        以前登録していた
```

　こういった回答は不正回答とするか、あるいは、「その他」といったカテゴリを新たに作成し、「5」などの値を割り当てるという方法も考えられます。

Section 2 異常値や入力ミスの発見

年齢の値がマイナスである。

「2」と入力すべきところが「23」と入力されている。

同じ値として「東京」と「東京都」の2通りに入力されている。

　　︙

　このような異常値や入力ミスによる不正データは、分析結果に大きな歪みをもたらす原因となります。分析し終わってから「データが間違っていた」ということになっては、また一からやり直しです。分析を開始する前に、すべての変数について丁寧にデータのクリーニングを行いましょう。

　こういった不正データは次のような方法を用いて発見することができます。

カテゴリデータの場合

度数分布表を作成する

　「1」「2」「3」などと、データの取る値が定まっている場合です。度数分布表によって、本来存在しない値が入力されていないかどうか確認します。

量的データの場合

最大値と最小値を確認する

ヒストグラムを作成する

　年齢や購買金額といった数量的なデータの場合です。最大値と最小値によって、正常な範囲を超えたデータが入力されていないかどうか確認します。また、ヒストグラムによってデータの偏り具合がわかります。たとえばある特定の値が非常に多い場合に、正常なデータなのか、あるいは何らかの原因によってそのような偏りが不正に生じてしまったのかを検討する必要性があることに気づくことができます。

では、これらの操作方法を確認しましょう。

度数分布表の作成

Step❶ ［分析］メニューの［記述統計］から［度数分布表］を選択します。

Step❷ ［度数］ダイアログボックスが開くので、度数分布表を作成したい変数を左側のリストでダブルクリックするか、あるいは変数をクリックして選択しそのまま真ん中の ボタンをクリックすると、右側のリストに投入されます。

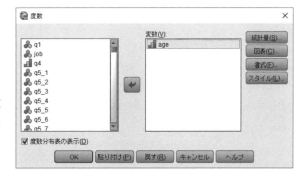

✎ 複数の変数を投入すると、それぞれの変数についての度数分布表を一度に作成することができます。

あとは［OK］ボタンをクリックします。

出力例

年齢

		度数	パーセント	有効パーセント	累積パーセント
有効	2 15～19歳	19	15.3	15.3	15.3
	3 20～24歳	20	16.1	16.1	31.5
	4 25～29歳	27	21.8	21.8	53.2
	5 30～34歳	47	37.9	37.9	91.1
	6 35～39歳	10	8.1	8.1	99.2
	23	1	.8	.8	100.0
	合計	124	100.0	100.0	

この例の場合、本来存在しない値「**23**」が誤って入力されているケースが1つあることがわかります。

✎ この出力例は、ピボットテーブルに値と値ラベルの両方を出力するよう設定しています（☞ 20ページ）。

最大値・最小値の算出とヒストグラムの作成

Step① ［分析］メニューの［記述統計］から［度数分布表］を選択します。

Step② ［度数］ダイアログボックスで、変数を右側のリストに投入します。

［統計量］ボタンをクリックします。

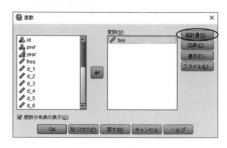

Step③ ［度数分布表：統計］ダイアログボックスが現れるので、左下にある［最小値］と［最大値］にチェックし、［続行］ボタンをクリックします。

Step④ ［度数］ダイアログボックスに戻ったら、［図表］ボタンをクリックします。

［度数分布表：図表の設定］ダイアログボックスが現れるので、［ヒストグラム］にチェックし、［続行］ボタンをクリックします。

Step⑤ ［度数］ダイアログボックスに戻るので、左下にある［**度数分布表の表示**］のチェックをはずし、［**OK**］をクリックします。

出力例

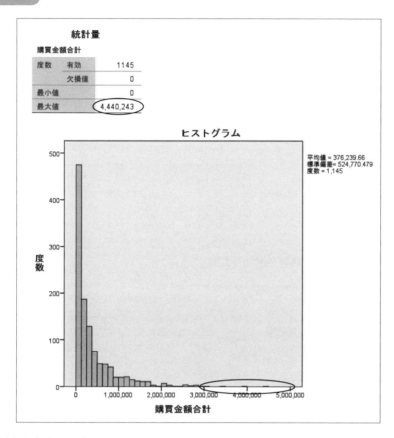

　購買金額合計に非常に大きな値を持つケースがいくつかあることがわかります。この値が異常値なのか、正常な値なのかを確認する必要があるでしょう。

 Attention

正常な範囲を超えた値や存在しないカテゴリ値などが入力された場合は、このSectionで紹介した方法で発見することが可能です。しかし、正常な範囲内で間違った値が入力されたり、存在するカテゴリ値が誤って入力されたような場合は、これらの方法では見つけることができません。入力しながら定期的に元のデータと見比べ、ミスやズレがないかどうか確認するなどして、正しいデータを効率的に作成するよう心がけましょう。

不正データのあるケースの特定

　以上のような方法で発見した異常値や入力ミスは、修正しなくてはなりません。不正データがあるケースを特定し、正しいデータを入力しなおします。データエディタ上のどのケースに不正データがあるのかを確認するには、次の２つの方法があります。

不正データのあるケース数が少ない場合

　〔age〕という変数に不正値「23」が入力されているケースを特定したい場合……

Step❶　データビューで変数〔age〕を選択します。

Step❷　［編集］メニューから［検索］を選択します。

　［検索と置換］ダイアログボックスが開くので、［検索］タブの［検索］テキストボックスに「23」と入力し、左下の［次を検索］ボタンをクリックします。

　次のように、データエディタ上で検索内容に一致するセルに移動します。

Step❸　「23」の値を持つケースがさらにある場合は、続けて［検索と置換］ダイアログボックスで［次を検索］をクリックします。

Step❹　検索が終了したら［閉じる］ボタンをクリックすると、［検索と置換］ダイアログボックスが閉じます。

不正データのあるケース数が多い場合

〔buy〕という変数の値が **3,000,000** 以上のケースを特定したい場合……

Step❶ [データ] メニューから [ケースの選択] を選択します。[IF 条件が満たされるケース] にチェックし、[IF] ボタンをクリックします。

Step❷ [ケースの選択：IF 条件の定義] ダイアログボックスで「buy > 3000000」と入力し、[続行] ボタンをクリックします.

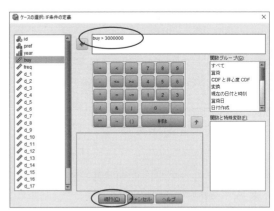

Step❸ [ケースの選択] ダイアログボックスに戻るので、[OK] をクリックします。

すると、該当するケース以外は、データビューの一番左のケース番号に斜線が引かれます。

Step❹ 該当ケースのリストを出力するには、さらに、[分析] メニューの [報告書] から [ケースの要約] を選択します。

[ケースの要約] ダイアログボックスで右のように〔buy〕を [変数] に投入し、左下の [ケースの表示] と [ケース番号を示す] にチェックします。

Step❺ 以上の設定で [OK] をクリックすると、右のような出力が得られます。

〔buy〕に **3,000,000** 以上の値を持つケースのケース番号とその値がリストされています。

ケースの集計

	ケース番号	購買金額合計
1	447	4,440,243
2	455	3,019,469
3	509	3,994,527
4	603	3,395,467
合計	度数	4

Section 3 不整合の発見

　いくつかの変数について、それぞれは有効なデータであったとしても、組み合わせて考えたときに論理的に整合性がとれないデータであるという場合があります。たとえば、「女性（未婚）」と回答しながら職種として「専業主婦」を選択しているとか、「パソコンを使ったことがない」と回答しているけれども、「自宅に持っているパソコンのメーカー名」を答えている、といったものです。

　こういったケースの中には、回答者が間違って回答したりウソの回答をしたりしていると考えられる場合と、質問の仕方が不十分であるために質問者が想定していないデータが混入してしまっている場合があります。「未婚で専業主婦」のケースは前者、「パソコンを使ったことがない人が答えた自宅のパソコンメーカー名」（自分で使ったことはないが家にパソコンがある）は後者の例でしょう。

　前者の場合、間違いやウソの可能性のあるデータは不正回答とする必要があります。一方、後者の場合は、分析の内容に応じて異質なデータを分析から除外するなどの対応が必要になります。

　こういった変数と変数の関係における不整合を発見するには、クロス集計表を作成します。

クロス集計表の作成

Step① ［分析］メニューの［記述統計］から［クロス集計表］を選択します。

Step② ［クロス集計表］ダイアログボックスで、［行］と［列］にそれぞれ変数を投入します。

　✎ ［行］と［列］に複数の変数を投入すると、行と列のすべての変数の組み合わせについて、クロス集計表を一度に作成することができます。

Step❸ 変数を投入したら [OK] ボタンをクリックします。

すると、次のようなクロス集計表が得られます。

職種 と 性別・未既婚 のクロス表

度数

		性別・未既婚				合計
		男性(未婚)	女性(未婚)	男性(既婚)	女性(既婚)	
職種	営業職	4	0	13	0	17
	販売職	3	0	3	0	6
	事務職	3	2	8	2	15
	企画職	1	0	2	0	3
	管理職	1	1	4	0	6
	労務・技能職	9	0	3	0	12
	会社経営・役員	0	0	1	0	1
	コンピュータ系技術職	4	0	8	0	12
	技術職(その他)	15	0	22	1	38
	デザイナー&クリエイティブ	3	0	0	0	3
	弁護士・公認会計士・税理士	0	0	1	0	1
	医師	0	0	2	0	2
	教師	2	0	1	0	3
	自営業	6	0	8	0	14
	公務員	6	1	11	0	18
	専業主婦	0	1	0	5	6
	パート・アルバイト	4	1	0	1	6
	大学生	14	1	0	0	15
	高校生	11	1	0	0	12
	中学生	4	0	0	0	4
	無職	5	1	0	0	6
	その他	4	1	4	0	9
合計		99	10	91	9	209

「**女性(未婚)**」かつ「**専業主婦**」と回答しているケースが1つあることが確認できます。

データエディタ上でこのケースを特定するには、[**ケースの選択：IF条件の定義**] 手続きで〔**q1**〕(性別・未既婚)の値が「**2**」で、かつ〔**job**〕(職種)の値が「**16**」であるという条件 (**q1 = 2 & job = 16**) を満たすケースを選択します。　☞ 操作方法についてはSection 4 方法2 (128ページ)を参照

Section 4　分析から除外すべきデータ

　入力されている値は間違っていないけれども、分析に適さないデータというものもあります。変数とケースという視点でまとめると、次のような例が考えられます。

変　数

有効な値が少ない

たとえば1000ケースのうち1割程度のケースにしか有効な値がないといった場合です。どの程度の割合の有効ケースがあれば分析に耐えうるかについての絶対的な基準はありませんが、こういった変数を分析に使用する場合は、有効ケース数が非常に少ないということを念頭においておく必要があるでしょう。

単一あるいは少数の値しか持っていない

「1」から「5」の5つの選択肢のある質問について、回答者のほとんどが「5」と回答しているといった場合です。回答が偏ってしまった原因について検討する必要はありますが、こういった変数をその他の変数と絡めて分析する意味はあまりないでしょう。

　これらを確認するには、[度数分布表]手続きを使用します。

☞ 操作方法についてはSection 2（119ページ）を参照

出力例

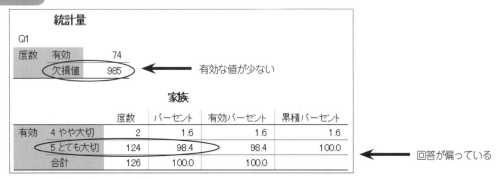

ケース

ふまじめな回答

すべての項目で最初の選択肢を選ぶなど、ちゃんと回答していない可能性が高いような場合です。ふまじめな回答である可能性が高い場合は、そのケースを分析から除外します。

欠損値が多い

アンケートの最初のページだけ回答して後は回答していないといった場合です。ごく一部の変数にしかデータがないようなケースの場合、分析者の判断によっては分析から除外します。

これらを確認するには、まず［変換］メニューの［出現数の計算］手続きを使用し、特定の値や欠損値の現れる回数をケースごとに計算した新しい変数を作成します。

☞ 操作方法については、第4章 Section 1 基本の加工③（144ページ）を参照

さらに、その回数の新変数の度数分布表を作成し、ふまじめな回答や欠損値が非常に多いケースがないかどうか確認します。

出力例

q1～q10欠損値の出現数

		度数	パーセント	有効パーセント	累積パーセント
有効	0	705	94.1	94.1	94.1
	1	37	4.9	4.9	99.1
	2	6	.8	.8	99.9
	10	1	.1	.1	100.0
	合計	749	100.0	100.0	

この出力例では、10個の変数の値がすべて欠損値であるケースが1つあることが確認できます。

ケースを分析から除外するには、次の2つの方法があります。

方法1　ケースそのものをデータから削除する

ふまじめに回答しているケースや欠損値の多いケースなど、そのケースのすべてのデータを分析に使用しない場合、データからそのケースを削除してしまってもよいでしょう。

Step1　データエディタ上で削除したいケースを選択します（灰色のケース番号部分をクリックすると選択できます）。複数のケースを選択する場合は、**Ctrl** キーを押しながらクリックします。

	ID	q1	q2	q3	q4	q5	q6	q7
1	1	4	5	5	4	4	4	5
2	2	4	4	2	1	3	1	1
3	3	5	4	3	2	4	3	4
4	4	4	4	4	4	4	4	4
5	5	4	4	4	4	5	4	4
6	6	.	.	.	.	.	.	.
7	7	4	3	4	4	4	2	3
8	8	4	4	4	4	5	5	5
9	9	4	4	5	5	4	3	4
10	10	4	5	4	4	4	5	5

Step2　ケースが選択された状態で **Delete** キーを押すか、ケース番号の上で右クリックし［**クリア**］を選択すると、ケースが削除されます。

方法2　特定のケースを分析から除外する

たとえば、「自宅に持っているパソコンメーカー名」を集計するときに、「パソコンの使用歴」の質問で「使ったことがない」と回答しているケースを省くといったように、必要に応じて特定のケースを分析から除外したい場合です。

Step❶ [データ] メニューから [ケースの選択] を選択します。

Step❷ [ケースの選択] ダイアログボックスで、[IF 条件が満たされるケース] にチェックし、[IF] ボタンをクリックします。

Step❸ [ケースの選択：IF 条件の定義] ダイアログボックスで、除外したいデータ以外のケースを選択します。つまり、変数〔q4〕（パソコン使用歴）の値が「1」（使ったことがない）であるケースを除外したい場合、条件式を「~(q4 = 1)」と入力します。

  ✎「~」（チルダ）は NOT を意味する論理記号です。続くカッコのなかの条件式を否定することになるので、「~(q4 = 1)」は、「q4 = 1 ではない」という意味となります。

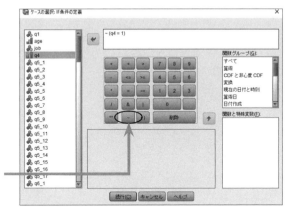

「~」はこのボタンで入力できます

Step❹ [続行] ボタンをクリックします。
 [ケースの選択] ダイアログボックスに戻るので、[OK] をクリックします。
 以上で、特定のケースが分析から除外されます。
 すべてのケースを分析の対象に戻したい場合は、[ケースの選択] ダイアログボックスで [すべてのケース] にチェックし、[OK] をクリックします。

SPSS

第4章
下ごしらえをしましょう
データの加工

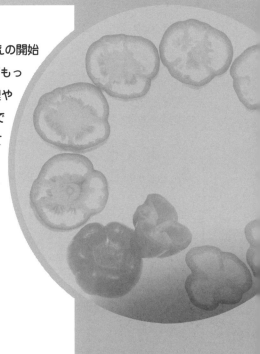

使用する材料を吟味したら、いよいよ下ごしらえの開始です。データ解析においてはこの下ごしらえがもっとも手間がかかる工程です。ウデを振るう調理や仕上げの盛り付けに比べると地味で大変な作業ですが、華々しい料理もこの下ごしらえがあってこそです。

この章では、SPSSでできるさまざまなデータ加工を効率よく行う方法を紹介します。

Section 1　変数の加工（基本）

変数の加工で使用する中心的な手続きは、[変換] メニューに含まれています。

[変換] メニューの手続き

この Section では、以下のような基本的な加工の手順について解説します。

	基本の加工	使用する手続き	解説ページ
①	値を置き換える	[同一の変数への値の再割り当て]	134〜
②	値をグループ化する	[他の変数への値の再割り当て]	138〜
③	値の数をヨコにカウントする	[出現数の計算]	144〜
④	計算する	[変数の計算]	146〜
⑤	同じケース数のグループに分ける	[連続変数のカテゴリ化]	148〜
⑥	ケースに順位をつける	[ケースのランク付け]	150〜
⑦	連続した値に変換する	[連続数への再割り当て]	154〜
⑧	欠損値に値を割り当てる	[欠損値の置き換え]	156〜
⑨	時系列データを加工する	[時系列の作成]	158〜

主に例として使用するデータは、第 2 章 Section 1（58 ページ）の「読者アンケート」のデータ、あるいは以下のような「顧客情報」のデータ（実在の個人情報ではありません）です。

	id	pref	year	buy	freq	d_1	d_2	d_3	d_4	
1	1648	兵庫県	4	275,612	31	0	0	0	1	
2	3612	新潟県	6	642,752	38	1	10	1	8	
3	7157	福島県	6	2,838,504	125	0	16	0	3	
4	7169	福島県	6	501,396	29	3	7	0	1	
5	10266	東京都	6	700,156	54	1	13	1	7	
6	11638	兵庫県	5	437,660	26	3	14	0	5	
7	13843	宮城県	5	181,308	11	0	1	0	1	
8	15333	青森県	6	439,012	66	15	44	0	4	
9	15918	大分県	5	1,830,095	33	0	18	0	23	
10	17655	栃木県	5	106,703	16	0	2	0	0	
11	17939	宮城県	6	2,779,310	78	5	42	0	2	
12	20079	愛知県	4	611,562	14	2	5	2	1	
13	22118	兵庫県	4	1,185,777	153	0	0	0	0	
14	22384	大阪府	6	586,284	65	0	4	1	0	
15	23301	大阪府	6	237,617	22	0	10	0	0	

〔id〕　　　　　　　顧客番号
〔pref〕　　　　　　居住都道府県
〔year〕　　　　　　会員歴
〔buy〕　　　　　　購買金額合計
〔freq〕　　　　　　清算回数
〔d_1〕～〔d_18〕　　パソコン・周辺機器といった商品ジャンルごとの購買回数

基本の加工 ①
値を置き換える

既存の変数について、特定の値を別の値に変更する加工です。

例

- システム欠損値（☞ 26 ページ）を値「0」に置き換える
- 値「1」「2」「3」「4」の「2」と「3」を入れ替える
- 値「東京都」を値「東京」に直す
- 値「16」（専業主婦）のうち、女性未婚であるケースは値「−1」に変更する
- 値「1」（パソコンを使ったことがない）について、学生の場合は「0」、社会人の場合は「1」のままとする

このように、ミスを修正したり元のカテゴリ値を細分化するなど、情報を損失しない場合、あるいは情報が詳細になる場合に、この加工が適しています。

> **Attention**
>
> このほかにも、実際の年齢の入力された変数について、10 から 19 を「1」（10 代）、20 から 29 を「2」（20 代）、… というように値を置き換えることも可能です。しかし、この加工は変更内容を既存の変数に上書きするので、このように元の情報を復元できない（情報を損失する）場合、あまりおすすめできません。こういった場合は、変更内容を別の新変数として保存する基本の加工②（138 ページ）を使用しましょう。

では、加工の手順を見てみましょう。使用するのは「読者アンケート」（58 ページ）のデータです。

基本①−1 変数〔q1〕〔age〕〔job〕〔q4〕のシステム欠損値を「0」に置き換える

 ［変換］メニューの［同一の変数への値の再割り当て］を選択します。

Step❷ [同一の変数への値の再割り当て] ダイアログボックスで、4つの変数を右側のリストに投入し、[今までの値と新しい値] ボタンをクリックします。

Step❸ [同一の変数への値の再割り当て:今までの値と新しい値] ダイアログボックスで、左側の [今までの値] 部分で [システム欠損値] にチェックし、右側の [新しい値] 部分の [値] テキストボックスに「0」と入力します。その後 [追加] ボタンをクリックします。

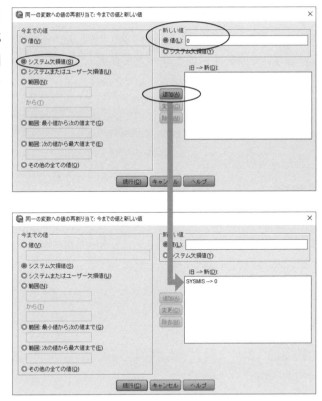

Step❹ 右のように、[旧-->新] リストに設定した内容が表示されます。あとは [続行] ボタンをクリック。[同一の変数への値の再割り当て] ダイアログボックスに戻るので、そのまま [OK] ボタンをクリックします。

このように、同じ変更であれば、複数の変数を一度に加工することができます。

基本①-2　変数〔q1〕（性別・未既婚）の値「1」「2」「3」「4」の「2」と「3」を間違って逆に入力してしまったので、「2」を「3」に、「3」を「2」に入れ換える

Step❶　[変換]メニューの[同一の変数への値の再割り当て]を選択します。

Step❷　[同一の変数への値の再割り当て]ダイアログボックスで〔q1〕を投入し、[今までの値と新しい値]ボタンをクリックします。

Step❸　[同一の変数への値の再割り当て：今までの値と新しい値]ダイアログボックスで、左側の[今までの値]部分の[値]テキストボックスに「2」と入力し、右側の[新しい値]部分の[値]テキストボックスに「3」と入力します。その後[追加]ボタンをクリックすると、[旧-->新]リストに「2-->3」とリストされます。

☞ すでに[旧-->新]リストにある設定を取り除く方法については141ページのTechnicを参照

Step❹　続いて、空になった[今までの値]の[値]テキストボックスに「3」、[新しい値]の[値]テキストボックスに「2」と入力して、[追加]ボタンをクリックします。

Step❺　[旧-->新]リストに2つの設定がリストされたのを確認して、[続行]ボタンをクリックします。あとは[同一の変数への値の再割り当て]ダイアログボックスで、そのまま[OK]ボタンをクリックします。このように、複数の変更があるときは、設定しては[追加]ボタンを押すことを繰り返して、設定をリストしていきます。

基本①-3　変数〔job〕（職種）の値「16」（専業主婦）のうち、変数〔q1〕（性別・未既婚）の値が「2」（女性未婚）であるケースは値を「-1」（不正回答）に変更する

Step❶　[変換] メニューの [同一の変数への値の再割り当て] を選択します。

Step❷　[同一の変数への値の再割り当て] ダイアログボックスで〔job〕を投入し、[IF] ボタンをクリックします。

Step❸　[同一の変数への値の再割り当て：IF条件] ダイアログボックスが開きます。[IF条件を満たしたケースを含む] にチェックし、条件式に「q1 = 2」と入力し、[続行] ボタンをクリックします。

Step❹　[同一の変数への値の再割り当て] ダイアログボックスに戻るので、続いて [今までの値と新しい値] ボタンをクリックします。

[今までの値] の [値] テキストボックスに「16」、[新しい値] の [値] テキストボックスに「-1」と入力して、[追加] ボタンをクリックし、[続行] ボタンをクリックし

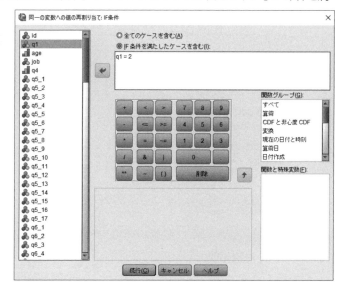

ます。あとは [同一の変数への値の再割り当て] ダイアログボックスで [OK] をクリックします。

　以上のように [IF] 条件を組み合わせることで、条件を満たしたケースに関してのみ値を変更することができます。

基本の加工 ②
値をグループ化する

既存の変数の値を元に、値を変更したりグループ化して、新しい変数として保存する加工です。

> 例

- 値「1」「3」を値「1」として、値「2」「4」を値「2」としてグループ化する
- 購買金額合計が50万円までを「1」、50〜100万までを「2」、100万以上を「3」としてグループ化する

このように、既存の変数の情報を要約して、分析用の新しい変数を作成する場合に適した加工です。基本の加工①と異なるのは、元の変数に存在するすべての値（欠損値やユーザー欠損値も含む）について、新しい変数でどのような値を割り当てるかを考慮する必要がある点です。この加工で設定されなかった値は、新しい変数ではシステム欠損値（文字型変数の場合は空白値）になるので、注意が必要です。

Attention

基本の加工①の場合と同様に、IF条件を設定して条件を満たすケースに対してのみ設定を適用することが可能です。しかし、条件を満たさないケースについてはシステム欠損値もしくは空白値となるため、有効ケース数の割合などについて正しい情報を維持できなくなってしまいます。一部のケースについてではなく、すべてのケースについて条件ごとに異なる変更を加えたい場合は、Section 2の応用の加工⑤（174ページ）を参照してください。

では、加工の手順を見てみましょう。使用するデータは「読者アンケート」（58ページ）です。

基本②-1 変数〔q1〕（性別・未既婚）を元に、男性を「1」、女性を「2」とした新しい変数〔sex〕を作成する

Step❶ ［変換］メニューの［他の変数への値の再割り当て］を選択します。

Step❷ ［他の変数への値の再割り当て］ダイアログボックスで、変数〔q1〕を投入します。

右側の［変換先変数］部分で、［名前］テキストボックスに新しく作成する変数の名前〔sex〕を入力し、必要に応じて［ラベル］テキストボックスにその変数の変数ラベルを入力します。その後、［変更］ボタンをクリックします。

Step❸ 「q1 --> ?」となっていたリストが、「q1 --> sex」となります。続けて［今までの値と新しい値］ボタンをクリックします。

［他の変数への値の再割り当て：今までの値と新しい値］ダイアログボックスで、今までの値「1」（男性未婚）を新しい値「1」に、「3」（男性既婚）を「1」に、「2」（女性未婚）を「2」に、「4」（女性既婚）を「2」に設定します。さらに、［今までの値］で［その他の全ての値］にチェックし、［新しい値］で［今までの値をコピー］にチェックして、リストに追加します。この最後の設定により、ユーザー指定の欠損値である「0」（無回答）「－1」（不正回答）といった値もそのまま新しい変数に保存されます。

✎ ただし、ユーザー指定の欠損値の設定は新しい変数で改めて行う必要があります。

☞ 設定方法の詳細については第1章 Section 6（45ページ）を参照

右のように設定がリストされたら、［続行］ボタンをクリックします。

あとは［OK］をクリック。新しい変数〔sex〕がデータエディタのいちばん右に作成されます。

基本②-2　変数〔buy〕（購買金額合計）が 50 万円までの場合を「1」、50 ～ 100 万までを「2」、100 万以上を「3」としてグループ化した新しい変数〔buy_c3〕（購買金額 3 段階）を作成する

Step❶　［変換］メニューの［他の変数への値の再割り当て］を選択します。

Step❷　［他の変数への値の再割り当て］ダイアログボックスで、変数〔buy〕を投入し、［変換先変数］の名前を「buy_c3」、ラベルを「購買金額 3 段階」と設定して［変更］ボタンをクリックします。リストの表示が変わったら、［今までの値と新しい値］ボタンをクリックします。

Step❸　［他の変数への値の再割り当て：今までの値と新しい値］ダイアログボックスで、以下の順序で 3 つの設定を行います。

　［今までの値］で、3 つある［範囲］のなかから 2 つめの［範囲：最小値から次の値まで］にチェックし、その下の空欄に「500000」と設定し、［新しい値］を「1」とします。［追加］ボタンをクリックします。

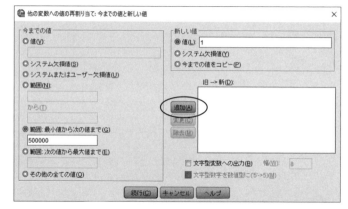

Step❹　続けて［今までの値］で、1 つめの［範囲］にチェックし、「500000」から「1000000」と設定し、［新しい値］を「2」とします。［追加］ボタンをクリックします。

Step⑤ さらに［今までの値］で、3つめの［範囲：次の値から最大値まで］にチェックし、その下の空欄に「1000000」と設定し、［新しい値］を「3」とします。［追加］ボタンをクリックします。

Step⑥ 最後に、ユーザー指定の欠損値の値をそのまま保存するために［今までの値］で［システムまたはユーザー欠損値］に、［新しい値］で［今までの値をコピー］にチェックし、［追加］ボタンをクリックします。あとは［続行］、［OK］ボタンをクリックすれば、新しいグループ化変数〔buy_c3〕が作成されます。どういう値をグループ化したのかがわかるよう、値ラベルを忘れずに設定しておきましょう。

Attention

この例のように、整数値ではなく実数値が入力されている数値型変数をグループ化する場合は、グループの境となる値（「500,000」「1,000,000」など）を隣接するどちらのグループの設定にも用います。小数点以下を含む値がグループ化する際に抜け落ちてしまわないようにするためです。このような設定の場合、境の値は［旧－－＞新］リストの上位にある設定の方に含まれます。つまり、この例の場合、値「500,000」はグループ「1」に、値「1,000,000」はグループ「2」に含まれることになります。

もしもグループ「1」は50万未満、「2」は50万以上100万未満としたい場合は、左のように、設定を逆の順番でリストします。

Technic ［旧－－＞新］リストの設定を削除・変更する（［値の再割り当て］手続き）

［値の再割り当て］手続きの［今までの値と新しい値］ダイアログボックスで、すでに［旧－－＞新］リストに追加された設定を取り除きたい場合は、その設定をクリックして選択し、［除去］ボタンをクリックします。

設定内容を変更したい場合は、その設定をクリックすると設定内容が［今までの値］［新しい値］部分に表示されるので、それを修正したあと、［変更］ボタンをクリックします。

基本②-2の例のように量的変数をグループ化する場合、［連続変数のカテゴリ化］機能を使用することもできます。

Step❶　［変換］メニューの［連続変数のカテゴリ化］を選択します。

Step❷　右のようなダイアログボックスが現れるので、左側の［変数］リストでグループ化する量的変数を選択し、右側の［ビン分割する変数］に投入します。ここでは変数〔buy〕を投入して、［続行］をクリックします。

Step❸　次のダイアログボックスで、左側の［スキャンされた変数のリスト］でグループ化する変数をクリックして選択します。右側にヒストグラムが表示され、量的変数の分布の状況を参照できます。

　［ビン分割する変数］の空欄に、新しく作成する変数名を「buy_c3」と入力します。変数ラベルはデフォルトで入力されているので、必要に応じて編集します。ここでは右のように、「**購買金額3段階**」と変更しておきます。

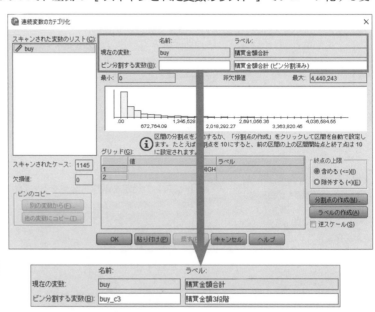

Step❹ 次に、[グリッド]という欄で、グループ化の基準値（分割点）を設定します。グリッドの各行は、新しく作成する変数での各グループに対応します。ここでは、1行目の[値]に「**500000**」、2行目に「**1000000**」と入力します。「最大値」を表す「**HIGH**」の設定は自動的に末尾に追加され、以下のようになります。

分割点は各グループの上限を表しますが、その上限値をグループに含むか（「以下」）、除外するか（「未満」）を設定する必要があります。ここでは上限値を「未満」に設定したいので、右側の[終点の上限]を[除外する(<)]に変更します。これにより、たとえば新しい変数のグループ「2」は、「500,000以上1,000,000未満」の範囲となります。

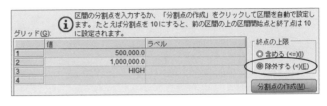

Step❺ さらに、[ラベル]で新しいグループの値ラベルを入力しておきます。あるいは、[ラベルの作成]ボタンをクリックすると、区分内容を記述した値ラベルが自動付与されます。以下は、自動付与した場合です。

また、新しい変数のカテゴリ値は1～nの昇順で割り当てられますが、[逆スケール]にチェックすると、n～1の降順でカテゴリ値を割り当てられます。

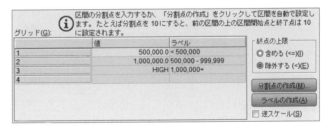

設定が完了したら、[OK]をクリックします。データエディタに新しいグループ化した変数〔**buy_c3**〕（購買金額3段階）が作成されます。

>
> **Attention**
>
> [連続変数のカテゴリ化]機能を利用して、等しいケース数のグループに分けたり、標準偏差を基準にグループ化することもできます。　　☞詳細は基本の加工⑤（148ページ）

基本の加工 ③
値の数をヨコにカウントする

ケースごとに、複数の変数について特定の値や値の範囲が現れる数をカウントし、新しい変数としてその数を保存する加工です。

例

- 2分コード化多重回答の変数グループの変数について、値「1」（選択）の数をカウントする
- アンケートの全項目について、システム欠損値の数をカウントする
- 複数の商品ジャンルの購買個数の変数について、10個以上購入している商品ジャンルの数をカウントする

このように、同質の情報を持つ複数の変数について、ある値（あるいは値の範囲）を持つ変数の数を、ケースごとに数えたい場合に適しています。

加工の手順を確認しましょう。「読者アンケート」（58ページ）のデータを使います。

基本③-1 2分コード化多重回答の変数グループ〔q6_1〕～〔q6_26〕（現在持っているデジタル機器）の26個の変数について、値「1」（選択）の数をカウントし、〔q6_cnt〕（持っているデジタル機器の種類数）に保存する

Step❶ ［変換］メニューから［出現数の計算］を選択します。

Step❷ ［出現数の計算］ダイアログボックスで、［目標変数］に作成する変数の名前「q6_cnt」と入力し、必要に応じて［目標変数のラベル］で変数ラベルを設定します。変数リストから、26個の変数〔q6_1〕～〔q6_26〕を投入し、［値の定義］ボタンをクリックします。

Step❸ [出現数の計算：集計する値の指定] ダイアログボックスが開くので、左側の [値] 部分で [値] テキストボックスに「1」と入力し、[追加] ボタンをクリックします。

✎ 複数の値や値の範囲をカウントしたい場合は、続けて [値] 部分で設定し、[追加] ボタンを押して [集計される値] リストに追加していきます。

Step❹ [続行] ボタンをクリックすると、[出現数の計算] ダイアログボックスに戻ります。あとは [OK] ボタンをクリックすれば、新しい変数〔q6_cnt〕が作成されます。

条件を満たしたケースについてのみ出現数をカウントしたい場合は、上記の設定に加え、[出現数の計算] ダイアログボックスで [IF] ボタンをクリックし [出現数の計算：IF 条件] ダイアログボックスで条件式を設定します。

☞ IF 条件の設定の手順は基本①－3（137 ページ）の場合と同様です。

✎ 条件を満たさないケースについては、新しい変数ではシステム欠損値となります。

基本の加工 ④
計算する

既存の変数に対し、四則演算や論理式、関数による変換を加え新しい変数を作成する加工です。[変換]メニューの[変数の計算]を使用します。

変数の計算ダイアログボックスの基本構造

[変換]メニューから[変数の計算]を選択すると、次のような[変数の計算]ダイアログボックスが開きます。

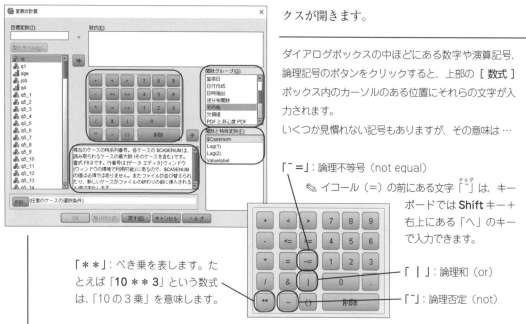

ダイアログボックスの中ほどにある数字や演算記号、論理記号のボタンをクリックすると、上部の[数式]ボックス内のカーソルのある位置にそれらの文字が入力されます。

いくつか見慣れない記号もありますが、その意味は…

「~=」：論理不等号（not equal）
  ✎ イコール（=）の前にある文字「~」（チルダ）は、キーボードでは**Shift**キー＋右上にある「へ」のキーで入力できます。

「**」：べき乗を表します。たとえば「10＊＊3」という数式は、「10の3乗」を意味します。

「｜」：論理和（or）

「~」：論理否定（not）

また、ダイアログボックスの右側にある[関数グループ]には関数の種類がリストされています。関数グループをクリックすると[関数と特殊変数]に関数のリストが表示されます。関数名をクリックすると左側にその関数の解説が表示されます。[関数と特殊変数]に表示された関数をダブルクリックするか、関数を選択して上向きの矢印ボタンを押すと、上部の[数式]ボックス内のカーソルのある位置にその関数が貼り付けられます。

 ✎ この際、関数ごとに引き数の形式が決まっていて、引き数の入るべきところに「？」が入力された状態となっています。

[IF]ボタンをクリックして条件式を設定すると、条件式を満たすケースに対してのみ計算が実行されます。条件式を満たさないケースについてはシステム欠損値（数値型）または空白（文字型）となります。

では、加工の手順を確認しましょう。「顧客情報」(133ページ) のデータを使います。

基本④-1 変数〔buy〕(購買金額合計)を変数〔freq〕(清算回数)で割り、顧客ごとの平均清算単価を算出する

Step❶ [変換] メニューから [変数の計算] を選択します。

Step❷ [変数の計算] ダイアログボックスで、[目標変数]に新しく作成する変数の名前〔ave〕を入力します。[数式] には、「buy / freq」と設定します。変数〔buy〕と〔freq〕は左下の変数リストから投入するか、直接入力します。

※「/」の前後の半角スペースはなくてもOKですが、全角スペースは入れてはいけません。

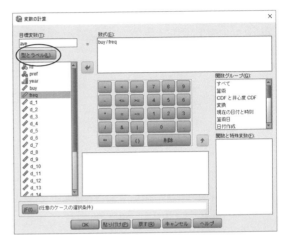

Step❸ さらに、[目標変数] のすぐ下にある [型とラベル] ボタンをクリックすると、新しく作成する変数の型と変数ラベルを設定できるダイアログボックスが開きます。

[ラベル] テキストボックスに変数ラベルを入力し、[続行] ボタンをクリック。

あとは [OK] ボタンをクリックすれば、新しい変数〔ave〕が作成されます。

☞ 条件ごとに異なる計算を行う方法については Section 2 応用の加工⑥ (175ページ) 参照

Technic [変数の計算] 手続きで計算式を変数ラベルにする

[変数の計算:型とラベルの定義]ダイアログボックスで[ラベルとして式を使用]にチェックして実行すると、〔ave〕に次のような変数ラベルがつけられます。

COMPUTE ave = buy / freq

「この変数、どうやって作ったか忘れてしまった!」という、やってしまいがちな痛いミスが避けられますね。長いラベルが気になるときは、変数ラベルを編集して、「**buy / freq**」部分だけを残しあとは消してしまいましょう。

基本の加工 ⑤
同じケース数のグループに分ける

量的データを持つ既存の数値型変数の値に基づいて、全ケースをほぼ同数のケースを持つ群にグループ化し、そのカテゴリ値を新しい変数として保存する加工です。[変換] メニューの [連続変数のカテゴリ化] を使用します。

例

- 購買金額に基づいて、それぞれ 20%のケースを持つ小額から高額までの 5 段階のグループに分ける
- テストの点数に基づいて、下位から上位まで 10%ずつの 10 段階のグループに分ける

基本の加工②の値のグループ化（138 ページ）と似ていますが、[値の再割り当て] 手続きとは異なりグループ化する値を設定する必要がありません。指定した分割点の数や区分の幅に基づいて自動的にグループ化されます。厳密な値の範囲よりも、全ケースにおける相対的な順位（パーセンタイル ☞ 参考文献 [3]）に基づくグループ化を行いたいときに適した加工です。

では、加工の手順を見てみましょう。「顧客情報」（133 ページ）データを使います。

基本⑤-1 変数〔ave〕（平均清算単価）の値に基づいて、ケース数の等しい 5 段階のグループに分ける

　　　〔ave〕は 147 ページで作成された変数です。

Step❶ [変換] メニューから [連続変数のカテゴリ化] を選択します。

Step❷ ダイアログボックスの左側の [変数] リストでグループ化する量的変数を選択し、右側の [ビン分割する変数] に投入します。ここでは変数〔ave〕を投入して、[続行] をクリックします。

Step❸ ダイアログボックスで、左側の [スキャンされた変数のリスト] でグループ化する変数をクリックして選択します。[ビン分割する変数] の空欄に、新しく作成する変数名「ave_c5」と変数ラベル「**平均清算単価 5 段階**」を入力します。

　　　ここまでの手順は基本②-2 の [連続変数のカテゴリ化] 機能の手順（142 ページ）と同様です。

Step❸ 右下の[分割点の作成]ボタンをクリックします。[分割点の作成]ダイアログボックスが開くので、2つ目の[スキャンされたケースに基づく、等しいパーセンタイル]にチェックします。等しい5つのグループに分けたいので、[分割点の数]に「4」と入力するか、[幅（%）]に「20」と入力します。どちらかを入力すれば、自動的にもう一方の数値が現れます。

後は[適用]をクリックして、[OK]すれば、新しいグループ化された変数〔ave_c5〕が作成されます。

平均清算単価〔ave〕について、新しく作成した〔ave_c5〕の5グループの度数、最小値、最大値を見てみる（[分析]⇒[報告書]⇒[OLAPキューブ]）と……

☞[OLAPキューブ]手続きの詳細については参考文献[13]を参照

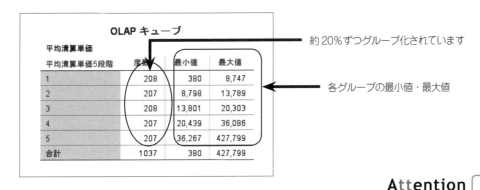

約20%ずつグループ化されています

各グループの最小値・最大値

平均清算単価5段階	度数	最小値	最大値
1	208	380	8,747
2	207	8,798	13,789
3	208	13,801	20,303
4	207	20,439	36,086
5	207	36,267	427,799
合計	1037	380	427,799

Attention

この加工では、基となった変数の値の小さい方のグループから「1」「2」…とカテゴリ値が割り当てられます。つまり基本⑤-1の場合、20パーセンタイル未満のケースはグループ「1」に、20～40パーセンタイルのケースはグループ「2」に…80パーセンタイル以上のケースはグループ「5」に割り当てられます。

逆に、値の大きい方のグループから「1」「2」…とカテゴリ値を割り当てたい場合は、[連続変数のカテゴリ化]ダイアログで[逆スケール]にチェックして実行します。　☞143ページ Step 5 を参照

基本の加工 ⑥
ケースに順位をつける

　既存の変数の値に基づいて、ケースに順位をつける加工です。[変換] メニューの [ケースのランク付け] を使用します。この手続きでは、値の昇順・降順のどちらに基づくかや、順位をつける手法、同順位の値の扱い方について、さまざまな方法を選ぶことができます。
　いくつか例を見ながら、加工の手順を確認しましょう。「顧客情報」（133 ページ）のデータを使います。

基本⑥－1　変数〔ave〕（平均清算単価）の昇順でケースに順位をつける

　　✎〔ave〕は 147 ページで作成した変数です。

Step❶　[変換] メニューから [ケースのランク付け] を選択します。

Step❷　右のような [ケースのランク付け] ダイアログボックスが開きます。[変数] リストに順位付けの基になる変数〔ave〕を投入します。

Step❸　あとは、[OK] をクリックすると、〔ave〕（平均清算単価）の値の小さいケースから順に、「1」「2」…と順位のついた新しい変数〔Rave〕（Rank of ave）が作成されます。Step 2 で [要約表の表示] にチェックがついていると、基になった変数名および新しい変数名と変数ラベルについて記述した、右のような出力が表示されます。

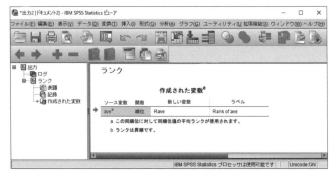

基本⑥-2 変数〔year〕(会員歴) ごとに、変数〔freq〕(清算回数) の降順 (清算回数の多い順) に順位をつける

Step❶ [変換] メニューから [ケースのランク付け] を選択します。

Step❷ [ケースのランク付け] ダイアログボックスで、[変数] リストに基となる変数〔freq〕を投入し、[グループ] リストに変数〔year〕を投入します。

値の降順で順位をつけたいので、左下の [ランク1の割当] で [最大値] にチェックします。要約表を出力しない場合は、[要約表の表示] のチェックをはずします。

Step❸ 以上の設定で [OK] をクリックすると、会員歴ごとに、清算回数の多いケースから順に「1」「2」…と順位がつけられた新しい変数〔Rfreq〕(Rank of freq by year) が作成されます。

Technic グループの組み合わせごとに順位付けする ([ケースのランク付け] 手続き)

[グループ] リストに複数の変数を投入すると、そのグループ値の組み合わせごとに順位付けが行われます。たとえば、会員歴 (0年から6年の7グループ) と性別 (男性・女性の2グループ) の2つの変数を [グループ] リストに投入すると、14 (7×2) のグループごとに順位がつけられます。

以上の例では、順位をつける手法と同順位の値の扱い方についてはデフォルトの設定を使用しました。その他の設定を使用したい場合は次ページを参照してください。

順位をつける手法を設定するには［手法］ボタンを、同順位の値の扱い方を設定するには［同順位］ボタンをクリックします。

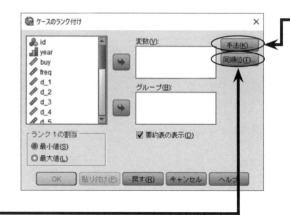

● ［同順位］ボタンをクリックすると、次のような［ケースのランク付け：同順位の処理］ダイアログボックスが開きます。

各処理法の内容

■ ［平均］
デフォルトの設定です。同じ値を持つケースすべてに対して、それらの順位の平均値を割り当てます。

■ ［最低］
同じ値を持つケースすべてに対して、それらの中でもっとも低い（小さい）順位を割り当てます。

■ ［最高］
同じ値を持つケースすべてに対して、それらの中でもっとも高い（大きい）順位を割り当てます。

■ ［同じ値に対する同順位］
同じ値を持つケースには、1つの順位を割り当てます。

同順位の処理例

値	平均	最低	最高	同じ値に対する同順位
10	1	1	1	1
11	2	2	2	2
12	3.5	3	4	3
12	3.5	3	4	3
13	5	5	5	4

● [手法] ボタンをクリックすると、次のような [ケースのランク付け：手法の選択] ダイアログボックスが開きます。

デフォルトでは [順位] のみにチェックがついています。複数の手法にチェックすると、それぞれの手法に基づいた複数の新しい変数が作成されます。

各手法の内容

■ [順位]
単純なランク付けです。値の順位がそのまま新しい変数に保存されます。

■ [サベージスコア]
指数分布（☞ 参考文献 [3]）に基づいた指数スコアが保存されます。

■ [小数点つき順位]
単純ランクを有効ケース数の合計（ケースの重み付けが設定されている場合は、重み付けの合計）で割った値が保存されます。　　　　　☞ ケースの重み付けについては第 2 章 Section 2（73 ページ）を参照

■ [小数点つき順位パーセント（%）]
「小数点つき順位」を 100 倍した値が保存されます。

■ [ケースの重み付けの合計]
有効ケース数の合計（ケースの重み付けが設定されている場合は、重み付けの合計）がすべてのケースに対して保存されます。

■ [百分位]
指定した数のパーセンタイル（☞ 参考文献 [3]）に基づいてケースがグループ化され、そのグループ値が保存されます。

■ [比率推定値]
公式（以下の 4 つから選択します）で推定される、各ケースの累積比率が保存されます。

■ [正規スコア]
公式（以下の 4 つから選択します）で推定された累積比率に対応する z 得点が保存されます。

公式
Blom　　　　　　　　$(r - 3/8)/(w + 1/4)$
Tukey　　　　　　　 $(r - 1/3)/(w + 1/3)$
Rankit　　　　　　　 $(r - 1/2)/w$
Van Der Waerden　　$r/(w + 1)$

✎ r は各ケースのランク、w はケースの重みの合計を表します。

基本の加工 ⑦
連続した値に変換する

既存の変数の値に基づいて、「1」から始まる連続した整数値に変換し、新しい数値型変数として保存する加工です。

> **例**

- 2値変数のカテゴリ値「0」「1」を、それぞれ「1」「2」に変換する
- 「1」「2」「10」「99」という4つのカテゴリ値を持つ変数の値を、それぞれ「1」「2」「3」「4」に変換する
- 都道府県が入力された文字型変数の値を、数値型の整数カテゴリ値に変換する

「1」から始まるカテゴリ値しか受けつけないメニュー(最適尺度法など)のためにあらかじめ変数を変換したり、計算パフォーマンスを向上させる目的でとびとびのカテゴリ値を連続したカテゴリ値に変換したり、といった場合に適した加工です。また、変換後の新しい変数では、値ラベルとして元の変数の値が保存されるので、文字型のカテゴリ値を数値型のカテゴリ値に自動変換する場合に非常に便利です。

では、加工の手順を見てみましょう。「顧客情報」のデータ(133ページ)を使います。

基本⑦-1 文字型変数〔pref〕(居住都道府県)の値を1からの整数値コードに変換し、変数〔p_cd〕として保存する

Step❶ [変換] メニューから [連続数への再割り当て] を選択します。

Step❷ [連続数への再割り当て] ダイアログボックスが開きます。

次ページのように変数〔pref〕をリストに投入し、[新しい変数名] テキストボックスに新しく作成する数値型整数カテゴリ変数の名前を〔p_cd〕と入力します。

文字型変数の値の場合、[変換の開始値] で [最低値] にチェックするとアルファベット順に、大文字は小文字に先行して割り当てられます。その逆に割り当てたい場合は [最高値] にチェックします。

✎ 数値型変数の場合は、値の小さいほうから「1」「2」… と割り当てたい場合は [最低値]、大きいほうから割り当てたい場合は [最高値] にチェックします。

ここで［空白文字列値をユーザー欠損値として扱う］にチェックすると、文字型変数〔pref〕に空白値があった場合に、新しい連続値変数でシステム欠損値とならず、値が割り当てられた上でユーザー欠損値となります。

Step❸ その後、［新しい名前の追加］ボタンをクリックします。すると、pref --> ????????　となっていたリストが pref --> p_cd となり、設定が反映されます。あとは［OK］をクリックすれば、変数〔p_cd〕が作成されます。その際以下のように、元の変数のそれぞれの値と、変換後の値と値ラベルの対応表がログとして出力されます。

Attention

元の変数のシステム欠損値は、新しい変数でもシステム欠損値に変換されます。ユーザー指定の欠損値には、それぞれカテゴリ値が割り当てられた上で、新しい変数上であらためてユーザー指定の欠損値に設定されます。

✎ 文字列値の順序ではなく、指定した順序でコード化したい場合（たとえば、「北海道」→「1」、「青森県」→「2」…など）、**RECODE INTO**（他の変数への値の再割り当て）コマンド（250ページ）を活用します。

Technic 共通した連続値を割り当てる（［連続数への再割り当て］手続き）

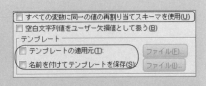

　［すべての変数に同一の値の再割り当てスキーマを使用］にチェックすると、投入した変数についてそれぞれ連続値を割り当てるのではなく、共通した連続値を割り当てます。たとえば、以前の商品分類名の入力された変数と、新しい分類が追加されている現在の商品分類名の入力された変数があった場合、ここにチェックして連続値に変換すると、共通する分類名は同じ数値に割り当てられ、追加された分類名はより高い、新しい数値に割り当てられます。
　また、再割り当てのスキーマを［テンプレート］として保存したり、別の変数を加工する際にテンプレートを適用して同じスキーマで数値に変換することもできます。商品分類名の再割り当てスキーマをテンプレートとして保存しておいて、別のデータファイルにおける商品分類名を同じように変換するときなどに使用できます。

基本の加工 ⑧
欠損値に値を割り当てる

時系列データに欠損ケースがある場合に、系列全体あるいは周囲の値を参考にして値を割り当て、新しい時系列変数として保存する加工です。[変換] メニューの [欠損値の置き換え] を使用します。置き換えの方法として、[系列平均][周囲平均値][周囲中央値][線型補間][その点における線型トレンド] の5つの方法を使用できます。

次のようなサンプルデータを例に、加工の手順とそれぞれの手法の内容を確認してみましょう。

priod	a	var	var
1	1		
2	3		
3	.		
4	7		
5	6		
6	8		

Step❶ [変換] メニューから [欠損値の置き換え] を選択します。

[欠損値の置換] ダイアログボックスで、変数〔a〕を [新しい変数] に投入します。

新しい変数名は〔a_1〕、欠損値の置き換え方法は [系列平均] というデフォルトの設定で自動的にリストされます。変数名や置き換えの方法を変更したい場合は、[名前] テキストボックスで名前を書き換え、[方法] のドロップダウンリストから方法を選択してから、[変更] ボタンをクリックします。

ここでは、置き換えの各方法を比較したいので、新変数〔a_1〕の設定はこのままにしておきます。

Step❷ さらに、左側の変数リストから、もう一度変数〔a〕を投入します。

〔a_2〕という新しい変数名でリストされるので、そのまま [方法] ドロップダウンリストから [周囲平均値] を選択します。[周囲の値のスパン] は「2」のままにしておきます。[変更] ボタンをクリックします。

Step❸ このような手順を繰り返し、5つの置き換えの方法に対応した5つの新変数〔a_1〕から〔a_5〕をリストします。

[OK] ボタンをクリックすると、次のような変数〔a_1〕から〔a_5〕が作成されます。

✎ 変数ビューで小数桁数を2に変更しています。

priod	a	a_1	a_2	a_3	a_4	a_5
1	1	1.00	1.00	1.00	1.00	1.00
2	3	3.00	3.00	3.00	3.00	3.00
3	.	5.00	4.25	4.50	5.00	4.20
4	7	7.00	7.00	7.00	7.00	7.00
5	6	6.00	6.00	6.00	6.00	6.00
6	8	8.00	8.00	8.00	8.00	8.00

各置き換え方法の内容と算出例

■ [系列平均]
系列全体の平均値を割り当てます。
(1 + 3 + 7 + 6 + 8)÷5 = 5.00 (〔a_1〕参照)

■ [周囲平均値]
欠損ケースの前後それぞれから [周囲の値のスパン] で設定した数の有効データを参照し、その平均値を割り当てます。
(1 + 3 + 7 + 6)÷4 = 4.25 (〔a_2〕参照)

■ [周囲中央値]
欠損ケースの前後それぞれから [周囲の値のスパン] で設定した数の有効データを参照し、その中央値 (☞ 参考文献 [3]) を割り当てます。
1, 3, 6, 7 の中央値 (3 + 6)÷2 = 4.50 (〔a_3〕参照)

■ [線型補間]
欠損ケースの直前の有効値と直後の有効値が補間に使用されます。
3 と 7 の線型補間 (3 + 7)÷2 = 5.00 (〔a_4〕参照)

■ [その点における線型トレンド]
系列の期間(1ケースが1期間に相当)で系列値を回帰し、その予測値を割り当てます。
この例では、線型回帰式 $y = 1.337\, x + 0.186$ によって予測される値
$1.337 \times 3 + 0.186 = 4.20$ となります。 (〔a_5〕参照)

基本の加工 ⑨
時系列データを加工する

時系列データに対し、ケース間の差分、累積集計、ラグ（いくつか前の値）、リード（いくつか後の値）、平滑化した値などを新しい変数として保存します。

第1章 Section 1（8 ページ）の「大型小売店の品目別売上」のデータを例に、加工の手順を確認しましょう。

基本⑨- 1　変数〔men〕（紳士服の売上）について、前月の売上との差分を取る

Step❶　［変換］メニューから［時系列の作成］を選択します。

［時系列の作成］ダイアログボックスで、変数〔men〕を［変数 --> 新規名］に投入します。

新しい変数名は〔men_1〕、加工方法である［関数］は［差分］、次数は「1」というデフォルトの設定で自動的にリストされます。

この設定で［OK］をクリックすると、前月（次数「1」）との差分が新しい変数〔men_1〕として保存されます。

✎ 変数名や関数を変更したい場合は、［名前］テキストボックスで名前を書き換え、［関数］のドロップダウンリストから方法を選択し、必要に応じて［並び順］（次数のこと）や［スパン］の値を変更してから、［変更］ボタンをクリックします。

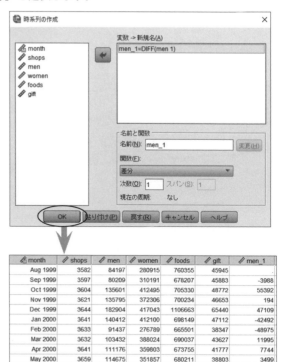

各関数の内容

■ ［差分］
　［並び順］（次数）で設定された数だけ前のケースの値との差を取ります。

■ ［季節差分］
　データファイルに日付の定義（［データ］メニューの［日付の定義］で設定）がされている場合に使用できます。日付の定義の周期値に［並び順］（次数）をかけた数だけ前のケースの値との差を取ります。たとえば、1年（12ヶ月）の周期で日付が定義されている場合、周期値は「12」となります。［並び順］（次数）を「1」として季節差分を取ると、12ヶ月前の値との差分が保存されます。

■ ［中心化移動平均］
　当該ケースと、その前後それぞれから［スパン］で設定された数のデータを参照して、その平均値を保存します。参照データ中に欠損がある場合は、欠損値が割り当てられます。

■ ［先行移動平均］
　当該ケースと、それに先行する、［スパン］で設定された数のデータを参照して、その平均値を保存します。参照データ中に欠損がある場合は、欠損値が割り当てられます。

■ ［移動中央値］
　当該ケースと、その前後それぞれから［スパン］で設定された数のデータを参照して、その中央値を保存します。参照データ中に欠損がある場合は、欠損値が割り当てられます。

■ ［累積集計］
　当該ケースまでの系列値を合計した値を保存します。当該ケースが欠損している場合、欠損値が割り当てられます。

■ ［ラグ］
　［並び順］（次数）で設定された数だけ前のケースの値を保存します。

■ ［リード］
　［並び順］（次数）で設定された数だけ後のケースの値を保存します。

■ ［平滑化］
　複合データ平滑法に基づいて平滑化した値を保存します。

✎ それぞれの関数の詳細については、ヘルプを参照してください。

Attention

ヘルプの表示方法：
［時系列の作成］ダイアログボックスで［ヘルプ］ボタンをクリックし、さらに、［時系列の作成］ヘルプ画面の末尾にある「関連情報」のリストから［時系列変換関数］を選択します。

Section 2 変数の加工（応用）

この Section では、Section 1 の手続きを用いた応用的な加工方法を紹介します。

	応用の加工	解説ページ
①	単一の値の入った変数を作成する	160〜
②	値を反転する	162〜
③	フィルタ変数を作成する	164〜
④	ダミー変数を作成する	165〜
⑤	条件ごとに異なるグループ化をする	174〜
⑥	条件ごとに異なる計算をする	175〜
⑦	複数の変数を組み合わせて新しいグループを作る	176〜

主に使用するデータは Section 1 と同じ「読者アンケート」（58 ページ）と「顧客情報」（133 ページ）です。

応用の加工 ①
単一の値の入った変数を作成する

すべてのケースに同じ値を入力したいという場合があります。［変換］メニューの［変数の計算］手続きを使用して、単一の値の入った新しい数値型あるいは文字型の変数を作成できます。「読者アンケート」のデータを使います。

応用①-1 2月分の読者アンケートのデータファイルのすべてのケースに、値「2」と入った新しい変数〔month〕（月号）を作成する

Step❶　［変換］メニューから［変数の計算］を選択します。

Step❷ [変数の計算] ダイアログボックスで [目標変数] に「month」、[数式] に「2」と入力し [OK] をクリックします。

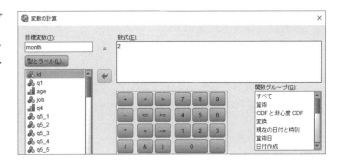

応用①-2　データファイルのすべてのケースに、値「酒井」と入った新しい文字型変数〔input〕（データ入力者）を作成する

Step❶ [変換] メニューから [変数の計算] を選択します。

Step❷ [変数の計算] ダイアログボックスで [目標変数] に「input」と入力します。[型とラベル] ボタンをクリックして [型] を [文字型] にチェックし、[続行] をクリック。

Step❸ [変数の計算] ダイアログに戻り、[文字式] に「'酒井'」と入力し、[OK] をクリックします。

🔖 文字列値は半角コーテーション（キーボードの Shift キー＋ [7]（直接入力モード）で入力）で囲む必要があります。

この [変数の計算] 手続きによる加工をさらに応用することで、複雑な条件に基づいたケースのグループ化を行うことができます。詳細は応用の加工⑦（176 ページ）を参照してください。

応用の加工 ②
値を反転する

程度を問う質問のカテゴリ値のような、順序性のある連続した整数値を反転したい場合があります。質問紙調査において、質問の方向性をわざと逆転させた逆転項目の値「1」から「5」を、「5」から「1」に反転させる場合もこれに相当します。

基本の加工②（138ページ）の［他の変数への値の再割り当て］手続きで、1つ1つのカテゴリ値を変換するよう設定することもできますが、カテゴリ値が多くて手間がかかる場合は、以下のように［変数の計算］手続きを使用すると簡単に反転できます。「読者アンケート」（58ページ）のデータを使用して、手順を見てみましょう。

応用②-1 変数〔q9〕（オンラインショップ サイトの利用経験）のカテゴリ値（「1」から「8」）を、利用頻度の高い回答の値が大きくなるように反転する

Step1 ［変換］メニューから［変数の計算］を選択します。

［変数の計算］ダイアログボックスで、［目標変数］に新しい変数名「q9_r」を入力し、［数式］に次のように入力します。

　　9 - q9

あとは、［OK］をクリック。

カテゴリ値が「8」まであるので、それに1を足した値「9」から、変数〔q9〕の値を引くことで、「1」から「8」の値を「8」から「1」に反転した値が、新しい変数〔q9_r〕に保存されます。

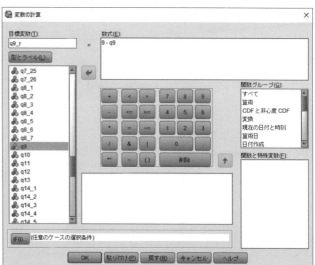

Step② ただしこのとき、元の変数〔q9〕に回答カテゴリ値以外の値、たとえば、「0」（無回答）、「-1」（不正回答）などが入力されている場合は、新しい変数ではそれぞれ「9」「10」といった値として保存されます。その場合、[同一の変数への値の再割り当て] 手続きを使用して「9」を「0」に、「10」を「-1」に割り当て直します。

☞ 手続きの詳細については、Section 1 基本の加工①（134 ページ）を参照

Attention

[変数の計算] 手続きを用いたこの加工では、元の変数においてユーザー指定の欠損値に設定されている値は新しい変数ではシステム欠損値となってしまいます。元の変数でユーザー指定の欠損値を設定していないことを確認してから加工を行いましょう。

シンタックスの活用：異なる手続きを一度で済ませる

このように「0」や「-1」といった回答カテゴリ値以外の値が入力されている場合でも、次のようなシンタックスを用いると、一度で加工を行うことができ、値の再割り当てを行う必要がありません。

```
DO IF (q9 >= 1 & q9 <= 8).
COMPUTE q9_r = 9 - q9.
ELSE.
COMPUTE q9_r = q9.
END IF.
EXECUTE.
```

このシンタックスは、計算のコマンド COMPUTE を DO IF - ELSE という条件設定の論理構造の中で使用しています。「q9 の値が 1 以上 8 以下の場合は q9_r = 9 - q9 を実行し、q9 の値がそれ以外の場合は q9_r に q9 の値をそのまま保存する」という指示になります。

☞ DO IF - ELSE IF 論理構造の詳細については、175 ページを参照

Section 2　変数の加工（応用）

応用の加工 ③
フィルタ変数を作成する

分析に使用するケースを限定するためのフィルタ変数は、[データ] メニューの [ケースの選択] 手続きで作成することができます。この手続きでは、設定した条件を満たすケースに「1」、それ以外のケースに「0」が入力された変数を、常に〔filter_$〕という名前で作成します。そのため、別の条件設定でケースの選択を行うたびにこの変数は上書きされてしまいます。

よく使用するケース選択の条件の場合、この変数名を変更して上書きされないようにするとよいでしょう。たとえば、〔filt_1〕という変数名に変更しておけば、[ケースの選択] 手続きの IF 条件式に、「filt_1 = 1」と設定するだけでケースの選択を行うことができるようになります。

また、[ケースの選択] 手続きでは設定できないような複雑な条件によるフィルタ変数を作成したい場合は、[変換] メニューのさまざまな手続きを使用して、条件を満たすケースに「1」、それ以外のケースに「0」が入力された新しい変数を作成し、フィルタ変数とします。「顧客情報」(133 ページ) のデータを使用して例を見てみましょう。

応用③−1 変数〔buy〕(購買金額合計) の値について、全体の上位 5% および下位 5% に含まれるケースを除外するためのフィルタ変数を作成する

Step① [変換] メニューの [ケースのランク付け] を選択します。

[ケースのランク付け] ダイアログボックスで、変数〔buy〕を投入し、[手法] ボタンをクリック。[ケースのランク付け：手法の選択] ダイアログボックスで、[百分位] にチェックし、テキストボックスに「20」と入力します。

[続行] ボタンをクリックし、[OK] をクリックします。

☞ 手続きの詳細については Section 1 基本の加工⑥ (150 ページ) を参照

以上の手続きで、変数〔buy〕の値に基づいて全ケースを20（5％ずつ）に分割し、値の小さいほうから「1」から「20」までのグループ値を保存した新しい変数〔Nbuy〕が作成されます。つまり、〔buy〕の値が全体の上位5％のケースには〔Nbuy〕で値「20」、下位5％のケースには値「1」が割り当てられています。

Step❷　そこで、〔Nbuy〕に対し［ 同一の変数への値の再割り当て ］手続きを使用して、値「1」と「20」は値「0」に、その他の値はすべて「1」に変換します。

☞ 手続きの詳細についてはSection 1 基本の加工①（134 ページ）を参照

Step❸　あとは、変数名〔Nbuy〕を適切な名前に変更し、フィルタ条件がわかるような変数ラベルと値ラベルをつければ完了です。

応用の加工 ④
ダミー変数を作成する

　質的なデータを「0」「1」の2値で表したデータを、ダミー変数（ ☞ 参考文献［3］）と呼びます。本来独立変数が量的変数でなければならない解析手法（重回帰分析、判別分析など ☞ 参考文献［2］）において、質的データを量的変数として扱いたい場合などに、ダミー変数を作成する必要があります。

　✎ SPSSの二項ロジスティック回帰分析（ ☞ 参考文献［2］）手続きでは、多重カテゴリ変数をダミー変数化して扱うよう設定することができます。

　たとえば、「事務職」「営業職」「管理職」の3つのカテゴリ値をもつ質的変数〔job〕（職種）の内容は、「0」「1」の2値をもつ2つのダミー変数〔job1〕〔job2〕で表すことができます。つまり、〔job1〕の値が「1」であれば「営業職」、〔job2〕の値が「1」であれば「管理職」、〔job1〕〔job2〕とも「0」であれば「事務職」を表すといった具合です。ダミー変数の数は、「**カテゴリ数ー1**」となります。

加工の手順としては、カテゴリ値の数だけ変数を作成し、該当するカテゴリの変数に「1」、それ以外の変数には「0」を割り当てます。分析の基準としたいカテゴリを表す変数を除外すると、残りの変数がダミー変数となります。

job	事務職 ⇒ 使用しない	営業職 ⇒ job1	管理職 ⇒ job2
事務職	1	0	0
営業職	0	1	0
管理職	0	0	1

この応用の加工④では、「0」「1」の2値変数に変換する3つの加工例を紹介します。

例

- 多重カテゴリ変数を「0」「1」に変換　☞　応用④-1　応用④-2
- 複数の数値変数を同じ基準で「0」「1」に変換　☞　応用④-3
- 複数の数値変数を異なる基準で「0」「1」に変換　☞　応用④-4

「読者アンケート」（58ページ）のデータを使います。

応用④-1　「男性（未婚）」「女性（未婚）」「男性（既婚）」「女性（既婚）」の4つのカテゴリ値が「1」～「4」の数値コードで入力された変数〔q1〕（性別・未既婚）を、4つの「0」「1」の2値変数に変換する（［ダミー変数を作成］手続きにて）

Step❶　［変換］メニューから［ダミー変数を作成］を選択します。

Step❷ [ダミー変数を作成] ダイアログボックスで、変数〔q1〕を [次のダミー変数を作成] に投入します。

さらに [主効果ダミー変数] で [主効果ダミーの作成] がチェックされている状態で、[ルート名(選択した変数ごとに1つ)] の空欄に「q1」と入力します。

ここでは、[ダミー変数のラベル] はデフォルト設定の [値ラベルを使用します] にチェックしたままとします。

Step❸ [OK] ボタンをクリックすると、データエディタの右端に次のような4つの「0」「1」の2値変数〔q1_1〕〔q1_2〕〔q1_3〕〔q1_4〕が作成されます。Step 2 で、[ダミー変数のラベル] で [値ラベルを使用します] にチェックしたので、4変数の変数ラベルはそれぞれ「q1 = 男性（未婚）」「q1 = 女性（未婚）」「q1 = 男性（既婚）」「q1 = 女性（既婚）」と、元の変数の値ラベルで説明されています（[値を使用します] の方にチェックして実行すると、「q1 = 1」「q1 = 2」「q1 = 3」「q1 = 4」という変数ラベルになります）。

	id	q1	age	q1_1	q1_2	q1_3	q1_4	var	var
1	527612	1	6	1.00	.00	.00	.00	名前: q1_4	
2	1690922	3	4	.00	.00	1.00	.00	ラベル: q1=女性（既婚）	
3	288969	2	2	.00	1.00	.00	.00	型: 数値	
4	1689900	1	3	1.00	.00	.00	.00	尺度: 名義	
5	2318830	3	7	.00	.00	1.00	.00		
6	1649658	2	2	.00	1.00	.00	.00		

2つの変数の組み合わせでダミー変数を作成する

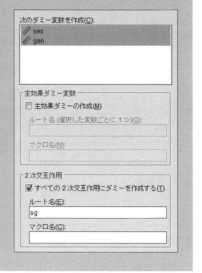

　たとえば、性別（男性・女性）と年代（若年層・中年層・シニア層）という 2 つのカテゴリ変数の組み合わせ、つまり「男性若年層」「男性中年層」「男性シニア層」「女性若年層」「女性中年層」「女性シニア層」という 6 つの「0」「1」の 2 値変数を作成したい場合も、[ダミー変数を作成] 手続きで簡単に作成することができます。

　[ダミー変数を作成] ダイアログボックスで、〔sex〕（性別）と〔gen〕（年代）を投入し、[2 次交互作用] で [すべての 2 次交互作用にダミーを作成する] にチェックし、[ルート名] に適当な接頭辞（この例では sg）を入力します。すると、〔sg_1〕～〔sg_6〕という 6 つの 2 値変数が作成されます。

　🖋 合わせて性別と年代について単独の 2 値変数を作成したい場合は、[主効果ダミーの作成] にチェックし、ルート名に「sex gen」と 2 つの変数名を半角スペースで区切って入力して実行します。

　このように数値コード化されたカテゴリ変数の「0」「1」の 2 値変数を作成したい場合、[ダミー変数の作成] 手続きは、数値コードの昇順でダミー変数が自動作成され、大変便利です。もしカテゴリ変数が文字型変数の場合で、各カテゴリ値を指定した順序で作成したい場合は、[ダミー変数の作成] 手続きでいったん文字列値の昇順で作成した後に変数名を変更するか、次の応用④− 2 で紹介する [他の変数への値の再割り当て] 手続きを使用します。

応用④-2 「事務職」「営業職」「管理職」の3つのカテゴリ値をもつ文字型変数〔job〕（職種）を3つの「0」「1」の2値変数に変換する（[他の変数への値の再割り当て]手続きにて）

Step❶ [変換] メニューから [他の変数への値の再割り当て] を選択します。

[他の変数への値の再割り当て] ダイアログボックスで、変数〔job〕を投入し、[変換先変数] の [名前] に「job_j」、[ラベル] に「事務職」と入力し、[変更] ボタンをクリックします。

[今までの値と新しい値] ボタンをクリックし、値「事務職」を「1」に、[システム欠損値またはユーザー欠損値] を [システム欠損値] に、[その他の全ての値] を「0」に割り当てるよう設定します。

✎ 文字列値はコーテーションで囲む必要はなく、そのまま入力します。

[続行] ボタンをクリックし、[OK] ボタンをクリックすると、まず1つ目の2値変数〔job_j〕が作成されます。

☞ 手続きの詳細は section 1 基本の加工② （138ページ）を参照

Step❷ 同様の手順をさらに2回繰り返し、〔job〕の値「営業職」を新しい変数〔job_e〕（営業職）の値「1」に、〔job〕の値「管理職」を新しい変数〔job_k〕（管理職）の値「1」に、割り当てます。

Technic シンタックスの活用：同じ手続きはコピペする

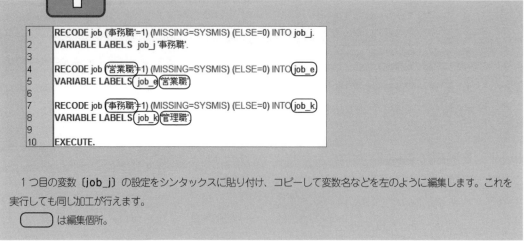

1つ目の変数〔job_j〕の設定をシンタックスに貼り付け、コピーして変数名などを左のように編集します。これを実行しても同じ加工が行えます。

◯ は編集個所。

「顧客情報」（133 ページ）のデータを使います。

応用④-3 商品ジャンルごとの購買個数の入力された 18 の変数〔d_1〕から〔d_18〕を、購買があれば「1」、購買がなければ「0」の値が入った 18 の2値変数に変換する

Step❶ ［変換］メニューから［他の変数への値の再割り当て］を選択します。

［他の変数への値の再割り当て］ダイアログボックスで、変数〔d_1〕から〔d_18〕を投入し、変換先変数の名前をそれぞれ〔fd_1〕から〔fd_18〕に設定します。

Step❷ [今までの値と新しい値] ボタンをクリックし、「システム欠損値またはユーザー欠損値」を「システム欠損値」に、値「0」を「0」に、「その他の全ての値」を「1」に割り当てるよう設定します。あとは、[続行] ボタンをクリックし、[OK] ボタンをクリックすれば完了です。

Technic シンタックスの活用：連番変数名のメリットを活かす

　この例のように、18もの変数に1つ1つ新しい名前をつける作業はかなり大変です。連番変数名のメリットを生かせば、シンタックスを用いてラクに加工を行うことができます。
　まず、Step 1のダイアログボックスで〔d_1〕を〔fd_1〕に割り当てる設定だけ行って、[貼り付け] ボタンをクリックします。すると、次のようなシンタックスが貼り付けられます。

```
RECODE
  d_1
  (MISSING = SYSMIS) (0 = 0) (ELSE = 1) INTO fd_1 .
EXECUTE .
```

このシンタックスに以下のように（　　　）部分を追加して実行すれば、18の変数について加工が行われます。

```
RECODE
  d_1 (TO d_18)
  (MISSING = SYSMIS) (0 = 0) (ELSE = 1) INTO fd_1 (TO fd_18) .
EXECUTE .
```

応用④-4　変数〔year〕（会員歴）が3年以下であれば「0」、4年以上であれば「1」を、変数〔buy〕（購買金額合計）が50万円未満であれば「0」、それ以上であれば「1」を、変数〔freq〕（清算回数）が20回未満であれば「0」、それ以上であれば「1」を割り当てた、3つの2値変数を作成する

Step❶　[変換] メニューから [変数の計算] を選択します。

[変数の計算] ダイアログボックスで、[目標変数] に新しい変数の名前を〔f_year〕と入力し、[数式] には次のように入力します。

　　　　year >= 4

このように [数式] に条件式が設定されている場合、条件を満たすケースには「1」（真）、満たさないケースには「0」（偽）が返されます。あとは、[OK] ボタンをクリックすれば、1つ目の2値変数〔f_year〕が作成されます。

Step❷　さらに同様の手順を2回繰り返し、

新変数〔f_buy〕の [数式] には buy >= 500000、

新変数〔f_freq〕の [数式] には freq >= 20 と入力して、それぞれ実行します。

Technic　シンタックスの活用：計算は COMPUTE で手早く済ます

この加工を行うシンタックスは……
```
COMPUTE f_year = year >= 4 .
COMPUTE f_buy = buy >= 500000 .
COMPUTE f_freq = freq >= 20 .
EXECUTE .
```

第4章 Section 1 では、[変換] メニューのさまざまな手続きのダイアログボックスを使用して基本的な加工が行えることを確認してきました。しかし、ここまでの応用の加工例でもわかるように、複雑な加工になってくると何度もダイアログボックスを開いて同じような設定をしなくてはならない場合が多くなってきます。

　そのような場合、まず雛型のシンタックスを貼り付け、それをコピー・編集して実行するとずいぶん手間が省けることも確認してきました。ここでは、さらに DO IF − ELSE IF 論理構造を利用して、より複雑な条件設定に基づいた加工を行う方法を見てみましょう。

　基本的なシンタックスの記述形式は次のようになります。

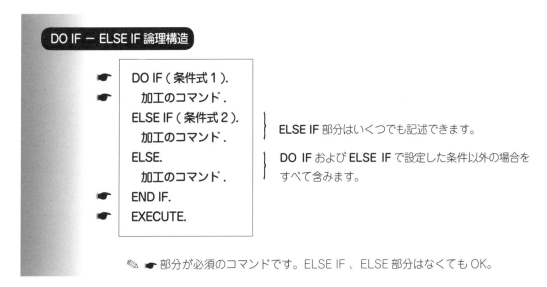

☜ ☞ 部分が必須のコマンドです。ELSE IF、ELSE 部分はなくても OK。

　加工のコマンドには、[変数の計算] 手続きの **COMPUTE** や [値の再割り当て] 手続きの **RECODE** などが入ります。必ずしも一からコマンドを入力する必要はありません。ダイアログボックスから行いたい加工の雛型シンタックスを貼り付けて、利用するとよいでしょう。

応用の加工 ⑤
条件ごとに異なるグループ化をする

値をグループ化する方法は、基本の加工②（138 ページ）で確認しました。ここでは、シンタックスを用いて条件ごとに異なるグループ化を行う方法を見てみましょう。

基本②− 2（140 ページ）で、変数〔buy〕（購買金額合計）が 50 万円までの場合を「1」、50 〜 100 万までを「2」、100 万以上を「3」としてグループ化した新しい変数〔buy_c3〕（購買金額 3 段階）を作成しました。ここでは……

応用⑤− 1　男性に対してはこの基準によるグループ化を行い、女性に対しては、30 万円までを「1」、30 〜 50 万までを「2」、50 万以上を「3」としてグループ化する

基本②− 2 の設定をシンタックスに貼り付けると……

✎ 変数ラベル設定のコマンド部分は削除してあります。

```
RECODE
  buy
  (Lowest thru 500000 = 1) (500000 thru 1000000 = 2)
  (1000000 thru Highest = 3) (ELSE = Copy) INTO  buy_c3 .
EXECUTE .
```

これを、DO IF − ELSE IF 論理構造と組み合わせて、次のように編集します。

```
DO IF (sex = 1).
    RECODE
      buy
      (Lowest thru 500000 = 1) (500000 thru 1000000 = 2)
      (1000000 thru Highest = 3) (ELSE = Copy) INTO  buy_c3 .
ELSE IF (sex = 2).
    RECODE
      buy
       (Lowest thru 300000 = 1) (300000 thru 500000 = 2)
      (500000 thru Highest = 3) (ELSE = Copy) INTO  buy_c3 .
END IF.
EXECUTE .
```

以上のシンタックスを実行すると、男性、女性ごとに異なった基準でグループ化された新しい変数〔buy_c3〕が作成されます。

応用の加工 ⑥
条件ごとに異なる計算をする

計算を行う方法は、基本の加工④（146 ページ）で確認しました。ここでは、シンタックスを用いて条件ごとに異なる計算を行う方法を見てみましょう。「顧客情報」（133 ページ）のデータを使用します。

応用⑥-1 変数〔year〕（会員歴）が 0 年のケースについては変数〔buy〕（購買金額合計）の値を 1.2 倍に、1 年～ 2 年のケースは 1.1 倍に調整した、新しい変数〔buy_adj〕を作成する

Step❶ [変換] メニューから [変数の計算] を選択します。
[変数の計算] ダイアログボックスで、[目標変数] に「**buy_adj**」と入力し、[数式] に **buy * 1.2** と入力して [貼り付け] ボタンをクリックすると、次のようなシンタックスが貼り付けられます。

```
COMPUTE buy_adj = buy * 1.2 .
EXECUTE .
```

Step❷ これを、DO IF - ELSE IF 論理構造と組み合わせて、次のように編集します。

```
DO IF (year = 0).
    COMPUTE buy_adj = buy * 1.2 .
ELSE IF (year = 1 or year = 2).
    COMPUTE buy_adj = buy * 1.1 .
ELSE.
    COMPUTE buy_adj = buy.
END IF.
EXECUTE .
```

以上を実行すると、会員歴 0 年の場合は 1.2 倍、1 年～ 2 年の場合は 1.1 倍、その他（3 年以上）の場合はそのまま、というように調整された購買金額合計の変数〔**buy_adj**〕が作成されます。

応用の加工 ⑦
複数の変数を組み合わせて新しいグループを作る

［変数の計算］手続きで単一の値の入った変数を作成できることを応用すると、DO IF − ELSE IF 論理構造に［変数の計算］手続きを組み込んで新しいグループ化変数を作成することができます。「読者アンケート」(58ページ) のデータを使います。

応用⑦−1 変数〔q10〕(メンバー登録) と変数〔q11〕(カードの有無) の結果から、メンバー登録もカードも持っている群を「1」、カードのみ持っている群を「2」、メンバー登録のみの群を「3」、登録もカードもない群を「4」とした新しいグループ化変数〔type〕(顧客タイプ) を作成する

変数〔q10〕と〔q11〕のカテゴリ値を整理すると……

> 変数〔q10〕(オンラインショップのメンバー登録)
>   「1」登録している、「2」「3」「4」登録していない
>
> 変数〔q11〕(カードの有無)
>   「1」「2」「3」「4」持っている、「5」持っていない

これらの条件ごとにカテゴリ値を割り当てるシンタックスは、次のようになります。

```
DO IF (q10 = 1 & q11 <= 4).
    COMPUTE type = 1 .
ELSE IF (q10 >= 2 & q11 <= 4).
    COMPUTE type = 2 .
ELSE IF (q10 = 1 & q11 = 5).
    COMPUTE type = 3 .
ELSE IF (q10 >= 2 & q11 = 5).
    COMPUTE type = 4 .
END IF.
EXECUTE .
```

以上を実行すると、4つの値をもった新しい変数〔type〕が作成されます。

Section 3 データファイルの加工

　分析の目的に応じて、データファイルの構成を変更する必要がある場合があります。この Section では、行と列の入れ換え、グループごとに集計した新しいデータファイルの作成、重複するケースの特定、そして縦持ちから横持ち（☞ 5 ページ Attention）への変換を行う加工方法を紹介します。また最後に、変数をケースに、あるいはケースを変数に置き換えてデータファイルの再構成を行う [**再構成データウィザード**] 機能についても紹介します。

データファイルの加工 ①
行と列を入れ換える

　図 4.3.1 のような店舗ごとの売上のデータがあります。ケースに 9 つの店舗、変数に 12 ヶ月分の月ごとの売上金額が入力されています。このデータの行と列を入れ換えて、ケースを月、変数を店舗とした時系列データに変換します。

【図 4.3.1】

	area	shop	apr	may	jun	jul	aug	sep	jan	feb	mar
1	関東地区	A	34262	16500	35898	36176	165892	49830	38026	27554	61953
2	関東地区	B	30664	25057	26229	24904	30570	26741	26204	24111	29730
3	関東地区	C	33471	46245	60057	33794	30759	44385	77521	35978	28497
4	関東地区	D	46653	65440	47112	38347	43627	41777	40326	36262	44501
5	中部地区	E	84086	118910	82280	72189	83977	85172	75614	71881	78989
6	中部地区	F	48772	46653	65440	47112	38347	43627	55726	40326	36262
7	関西地区	G	38393	48497	34452	42913	40777	37128	35921	28834	38506
8	関西地区	H	72495	32306	77043	72100	63211	48024	46721	50679	41298
9	関西地区	I	34197	30209	85601	85795	132904	90412	64675	75859	71152

Step ❶ [データ] メニューから [行と列の入れ換え] を選択します。

　次ページのような [行と列の入れ換え] ダイアログボックスが開きます。

　[変数] リストに、変数からケースに変換したい変数を投入します。

　変数名として使用したい値の入った変数がある場合は、その変数を [**変数名に使用する変数**] に投入します。

この例では、〔shop〕（店舗名）を［変数名に使用する変数］に、〔area〕（地区）を除いた12ヶ月分の変数を［変数］に投入します。

✎ ［変数名に使用する変数］に変数を投入しない場合、変換後のデータファイルでは自動的に〔var001〕〔var002〕…という変数名がつけられます。

Step❷ ［OK］をクリックします。すると、この例では変数〔area〕を投入しなかったので、その変数が削除されることを確認する右のようなメッセージが現れます。

Step❸ ［OK］をクリックすると、変換内容の詳細を記述した出力が現れ、次のような新しいデータファイルがデータエディタに表示されます。

	CASE_LBL	A	B	C	D	E	F	G	H	I
1	apr	34262.00	30664.00	33471.00	46653.00	84086.00	48772.00	38393.00	72495.00	34197.00
2	may	16500.00	25057.00	46245.00	65440.00	118910.00	46653.00	48497.00	32306.00	30209.00
3	jun	35898.00	26229.00	60057.00	47112.00	82280.00	65440.00	34452.00	77043.00	85601.00
4	jul	36176.00	24904.00	33794.00	38347.00	72189.00	47112.00	42913.00	72100.00	85795.00
5	aug	165892.00	30570.00	30759.00	43627.00	83977.00	38347.00	40777.00	63211.00	132904.00
6	sep	49830.00	26741.00	44385.00	41777.00	85172.00	43627.00	37128.00	48024.00	90412.00
7	oct	46596.00	22767.00	44462.00	38803.00	80453.00	41777.00	34015.00	19803.00	41437.00
8	nov	50311.00	27548.00	36134.00	43552.00	78262.00	38803.00	33490.00	11857.00	53432.00
9	dec	49813.00	25708.00	45233.00	55726.00	83917.00	43552.00	36733.00	34669.00	61176.00
10	jan	38026.00	26204.00	77521.00	40326.00	75614.00	55726.00	35921.00	46721.00	64675.00
11	feb	27554.00	24111.00	35978.00	36262.00	71881.00	40326.00	28834.00	50679.00	75859.00
12	mar	61953.00	29730.00	28497.00	44501.00	78989.00	36262.00	38506.00	41298.00	71152.00
13										

ケースだった「A」から「I」の9つの店舗がそれぞれ変数に変換され、変換前の12ヶ月分の変数名を値として持つ〔CASE_LBL〕という変数が追加されています。

Step❹ 変換後のデータファイルは保存されていませんから、［ファイル］メニューの［名前を付けて保存］で名前をつけて保存しておきましょう。

☞ データの保存方法については第5章 Section 2（238ページ）を参照

データファイルの加工 ②
グループごとに集計する

図 4.3.1 の店舗ごとの売上のデータ（177 ページ）から、地区ごとに売上を合計した新しいデータファイルを作成してみましょう。

Step① ［データ］メニューから［グループ集計］を選択します。

［データのグループ集計］ダイアログボックスが開くので、［ブレーク変数］に集計のキーとなる変数〔area〕（地区）を投入します。

さらに、合計したい売上の入っている 12 ヶ月分の変数を［集計変数］に投入します。

すると［集計変数］リストでは、下の図のように「**変数名_mean = MEAN（変数名）**」という形でリストされます。

> 文字型変数は［集計変数］リストに投入することができません。集計したい場合は、［**連続数への再割り当て**］手続き（154 ページ参照）で数値型に変換して投入します。

右の図は、集計後の変数名が自動的につけられ（元の変数名の後ろに下線と集計関数名がつきます）、デフォルトの集計関数 **MEAN**（平均値）が設定されている状態です。

この例では、すべての変数に対して合計の集計関数を使用したいので、右のように［**変数の集計**］リストですべての変数の設定が選択されている状態のまま、左下の［**関数**］ボタンをクリックします。

> 変数によって集計関数が異なる場合は、リスト上の設定を個別に選択して［**関数**］ボタンをクリックし、それぞれ設定を変更します。

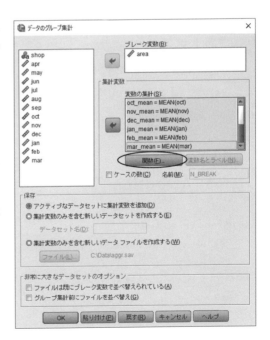

Step❷ すると、次のような [データのグループ集計：集計関数の定義] ダイアログボックスが開くので、[合計] にチェックし、[続行] ボタンをクリックします。

☞ 各集計変数の詳細については 182 ページを参照

Step❸ [データのグループ集計] ダイアログに戻ると、[変数の集計] リストの関数がすべて「SUM」に設定されていることが確認できます。ここで、集計後の変数名と変数ラベルを編集したい場合は、[変数の集計] リストで対象の設定を選択し、右下の [変数名とラベル] ボタンをクリックします。

Step❹ [データのグループ集計：変数名とラベル] ダイアログボックスが開き、変数名と変数ラベルを設定できます。今回の例では変数名と変数ラベルは編集しないので、[キャンセル] をクリックして [データのグループ集計] ダイアログに戻ります。

 Attention

現在のデータファイルに集計変数を加える場合（次ページの Step 6 参照）、集計後の変数名として、現在のデータファイルに存在する変数の名前を使用しようとするとこのようなダイアログが現れます。[名前を一意にする] を選択すると、重複しない変数名が割り当てられます。[上書き] を選択すると、集計変数が上書きされます。

180　第 4 章　下ごしらえをしましょう　─データの加工

Step❺ さらに、以下のように［ケースの数］にチェックし、テキストボックスにデフォルトで設定されている変数名「N_BREAK」を削除して「shops」と入力します。ここにチェックすることで、ブレーク変数（集計のキーとなる変数）のグループ（関東地区・中部地区・関西地区）ごとに集計されるケース（店舗）の数が、新しい変数〔shops〕として保存されます。

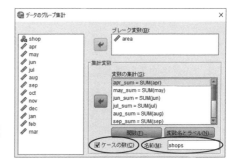

Step❻ ［保存］では、デフォルトで［アクティブなデータセットに集計変数を追加］にチェックが付いており、現在の集計前のデータファイルに集計された変数が追加されます。この例の場合、同じ〔area〕（地区）のケースには同じ合計値が追加されることになります。

また、［集計変数のみを含む新しいデータセットを作成する］にチェックし、［データセット名］に適当な名前を付けて実行すると、集計されたデータが、新規のデータセットとして作成されます。［集計変数のみを含む新しいデータファイルを作成する］にチェックすると、集計されたデータのみが、現在のデータファイルが保存されているフォルダに「aggr.sav」という新規のデータファイルとして保存されます。保存先やファイル名を変更したい場合は、［ファイル］ボタンをクリックして設定を変更します。

今回は、2つ目の［集計変数のみを含む新しいデータセットを作成する］にチェックして、集計後のデータファイルを保存する前にデータエディタに表示させます。

✎ 非常に大きなデータセットを扱っている場合、あらかじめ［ブレーク変数］の値でデータがソートされていれば、［ファイルは既にブレーク変数で並べ替えられている］にチェックして実行すると、実行速度が速くなります。

Step❼ 以上のように設定が完了したら、［OK］ボタンをクリックします。

すると、集計後のデータファイルがデータエディタに表示されます。

	area	apr_sum	may_sum	jun_sum	jul_sum	aug_sum	sep_sum	oct_sum	no...sum	feb_sum	mar_sum	shops
1	関東地区	145050.00	153242.00	169296.00	133221.00	270848.00	162733.00	152628.00	15...077.00	123905.00	164681.00	4
2	中部地区	132858.00	165563.00	147720.00	119301.00	122324.00	128799.00	122230.00	11...340.00	112207.00	115251.00	2
3	関西地区	145085.00	111012.00	197096.00	200808.00	236892.00	175564.00	95255.00	9...317.00	155372.00	150956.00	3

　3つの地区が集計されてそれぞれ1つのケースとなり、各地区の店舗の売上が合計されています。一番右端には、各地区で集計された店舗の数が、変数〔shops〕に保存されています。

各集計関数の内容

〈要約統計量〉
- ［平均］：各グループ内の全ケースの平均値
- ［中央値］：各グループ内の全ケースの中央値
- ［合計］：各グループ内の全ケースの合計値
- ［標準偏差］：各グループ内の全ケースの標準偏差

〈特定の値〉
- ［最初］：各グループ内の欠損値でない最初のケースの値
- ［最後］：各グループ内の欠損値でない最後のケースの値
- ［最小値］：各グループ内の全ケースの最小値
- ［最大値］：各グループ内の全ケースの最大値

〈ケースの数〉［ケースの重み付け］が有効な場合に……
- ［重み付き］：各グループ内の重み付けのされた有効ケース数
- ［重み付けされる欠損］：各グループ内の重み付けのされた欠損ケース数
- ［重み付けされない］：重み付けのない（データファイルの実際の）有効ケース数
- ［重み付けされない欠損］：重み付けのない（データファイルの実際の）欠損ケース数

〈パーセンテージ〉「0」～「100」の値を取ります
（各グループ内で……）
- ［上］：指定した［値］より大きい（超過）ケースのパーセント
- ［下］：指定した［値］より小さい（未満）ケースのパーセント
- ［内側］：指定した［ロー］値以上［ハイ］値以下のケースのパーセント
- ［外側］：指定した［ロー］値より小さいか［ハイ］値より大きいケースのパーセント

〈割合〉「0」～「1」の値を取ります
（各グループ内で……）
- ［上］：指定した［値］より大きい（超過）ケースの比率
- ［下］：指定した［値］より小さい（未満）ケースの比率
- ［内側］：指定した［ロー］値以上［ハイ］値以下のケースの比率
- ［外側］：指定した［ロー］値より小さいか［ハイ］値より大きいケースの比率

〈度数〉
（各グループ内で……）
- ［上］：指定した［値］より大きい（超過）ケース数
- ［下］：指定した［値］より小さい（未満）ケース数
- ［内側］：指定した［ロー］値以上［ハイ］値以下のケース数
- ［外側］：指定した［ロー］値より小さいか［ハイ］値より大きいケース数

データファイルの加工 ③
重複ケースを特定する

［重複ケースの特定］機能を利用すると、指定した変数について同じ値を持つケースが複数存在する場合に、そのケースを特定することができます。たとえば、アンケート調査データを入力した後に、同じ調査票を2度入力してしまっていないかどうかを確認することができます。あるいは、POSデータ（☞9ページ）のように同一顧客の購買データが複数ケースに渡っている場合に、もっとも新しい日付のもっとも高額の購買のデータだけを特定することも可能です。［グループ集計］手続き（☞ データファイルの加工② 179ページ）でも同様のことが可能な場合がありますが、［重複ケースの特定］機能では文字型変数を扱える点が優れています。

【図 4.3.2】

図 4.3.2 のような中学生へのアンケートデータ（14ページ）で、同じ調査票が入力されていないかどうか確認してみましょう。

Step❶ ［データ］メニューから［重複ケースの特定］を選択します。

Step❷ 左側の変数リストから、調査票の連番を表す〔no〕を除くすべての変数を［一致するケースを定義］に投入します。

［一致するケースをファイルの先頭に移動する］にチェックされていることを確認し、［OK］をクリックします。

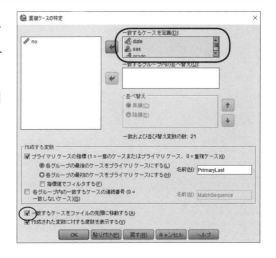

すると、データが並べ替えられ、重複していたケース（〔no〕の「8」と「10」と「16」）が一番上にリストされています。

	no	date	sex	grade	q1	q2	q3	q3_s	q6_8	PrimaryLast
1	8	09/01/2016	1	2	7.0	3,500	0	99	0	0
2	10	09/01/2016	1	2	7.0	3,500	0	99	0	0
3	16	09/01/2016	1	2	7.0	3,500	0	99	0	1
4	6	09/01/2016	1	2	8.0	5,000	1	2	0	1
5	2	09/01/2016	1	3	-1.0	5,000	0	99	0	1
6	1	09/01/2016	1	3	8.0	10,000	1	5	0	1
7	7	09/01/2016	2	2	7.5	4,000	0	99	0	1
8	9	09/01/2016	2	2	9.0	3,000	1	3	0	1
9	5	09/01/2016	2	2	.	8,000	0	-1	0	1
10	3	09/01/2016	2	3	6.5	.	1	3	0	1
11	4	09/01/2016	2	3	7.0	8,000	1	3	0	1
12	15	09/02/2016	1	1	7.0	3,000	0	99	0	1
13	12	09/02/2016	1	1	8.5	5,000	1	2	0	1
14	11	09/02/2016	2	1	6.0	3,000	0	99	0	1
15	13	09/02/2016	2	1	8.0	0	1	0	0	1
16	14	09/02/2016	2	1	8.0	2,500	0	99	0	1

また、データエディタの右端に、〔PrimaryLast〕という新しい変数が作成されています。これは［プライマリケースの指標］にチェックをして実行したためです。さらに［各グループの最後のケースをプライマリケースにする］にチェックしているので、重複があった場合はデータエディタでいちばん最後にあった重複ケース（今回の場合〔no〕が「16」のケース）が「プライマリケース」として値「1」が付与され、それ以外の重複ケース（〔no〕が「8」と「10」）は「0」となっています（重複のなかったケースは「1」となります）。

さらに、［作成された変数に対する度数を表示する］にもチェックしていたので、右のような〔PrimaryLast〕の度数分布表も出力されます。

		プライマリとしての最後に一致するケースの識別子			
		度数	パーセント	有効パーセント	累積パーセント
有効	重複ケース	2	12.5	12.5	12.5
	プライマリケース	14	87.5	87.5	100.0
	合計	16	100.0	100.0	

そのほか、重複するケースに関して、別の変数の値で順序付けをした上でプライマリケースを特定することもできます。たとえば以下のように、POSデータ（☞9ページ）で〔card_id〕（カードID）を［一致するケースを定義］に投入し、［一致するグループ内の並べ替え］に〔date〕（売上年月日）と〔pay〕（売上金額）を［昇順］で投入して最後のケースをプライマリに設定した場合、各顧客についてもっとも新しい日付のもっとも高額の購買データをプライマリケースとして特定できます。

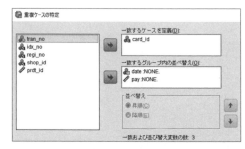

データファイルの加工 ④
縦持ちデータを横持ちに変換する

図 4.3.3 のような購買履歴データがあります。顧客の購買した商品のジャンルや金額が縦持ちに入力されています。これを、各商品ジャンルを変数に持つ横持ちデータに変換し、さらに 1 ケースが 1 人の顧客となるよう集計してみましょう。

【図 4.3.3】

	date	id	prdt_cd	pay
1	15-Sep-2016	1	1	301,020
2	15-Sep-2016	1	2	34,500
3	15-Sep-2016	1	5	3,480
4	16-Sep-2016	2	3	15,600
5	16-Sep-2016	2	3	2,400
6	16-Sep-2016	3	1	157,800
7	16-Sep-2016	3	2	55,640
8	17-Sep-2016	2	4	600

〔date〕　　購買日
〔id〕　　　顧客の ID 番号
〔prdt_cd〕 商品ジャンル
〔pay〕　　 購買金額

変数〔prdt_cd〕（商品ジャンル）には「1」から「5」の 5 つの値があります。

まず、新しい変数〔p_1〕から〔p_5〕を作成し、対応する商品ジャンルを購買していれば「1」、購買していなければ「0」が入力されるよう、変数を加工しましょう。

Step❶ [変換] メニューから [ダミー変数を作成] を選択し、〔prdt_cd〕を投入し、[主効果ダミー変数] の [ルート名] に「p」と入力し、[OK] をクリックします。

☞ [ダミー変数を作成] 手続きの詳細については Section 2 の応用④− 1（166 ページ）を参照

すると、以下のように変数〔p_1〕から〔p_5〕が作成されます。

	date	id	prdt_cd	pay	p_1	p_2	p_3	p_4	p_5
1	15-Sep-2016	1	1	301,020	1.00	.00	.00	.00	.00
2	15-Sep-2016	1	2	34,500	.00	1.00	.00	.00	.00
3	15-Sep-2016	1	5	3,480	.00	.00	.00	.00	1.00
4	16-Sep-2016	2	3	15,600	.00	.00	1.00	.00	.00
5	16-Sep-2016	2	3	2,400	.00	.00	1.00	.00	.00
6	16-Sep-2016	3	1	157,800	1.00	.00	.00	.00	.00
7	16-Sep-2016	3	2	55,640	.00	1.00	.00	.00	.00
8	17-Sep-2016	2	4	600	.00	.00	.00	1.00	.00

Step❷ さらに、これを顧客ごとに集計して、最近の購買日、購買金額の合計、および各商品ジャンルの購買数のデータを作成しましょう。

[データ]メニューから[グループ集計]を選択します。

顧客ごとに集計するので[ブレーク変数]に〔id〕を投入します。[変数の集計]リストでは、〔date〕と〔pay〕の関数を変更します。まず、〔date〕を

[変数の集計]リストに投入します。リスト上の〔date_mean=MEAN（date）〕をクリックして選択した状態で、[関数]ボタンをクリックします。

[集計関数の定義]ダイアログで[最後]にチェックして[続行]。

次にメインダイアログで〔pay〕と〔p_1〕から〔p_5〕の関数をすべて投入し、[変数の集計]リスト上ですべて選択した状態で[関数]ボタンをクリック。

[合計]にチェックして[続行]をクリックします。

Step❸ あとは、[集計変数のみを含む新しいデータセットを作成する]にチェックし、適当なデータセット名を入力して[OK]をクリック。すると、以下のような、横持ちに変換・集計された顧客ごとのデータが作成されます。

	id	date_last	pay_sum	p_1_sum	p_2_sum	p_3_sum	p_4_sum	p_5_sum
1	1	15-Sep-2016	339000.00	1.00	1.00	.00	.00	1.00
2	2	17-Sep-2016	18600.00	.00	.00	2.00	1.00	.00
3	3	16-Sep-2016	213440.00	1.00	1.00	.00	.00	.00

Technic 再構成データウィザード

［再構成データウィザード］を使用すると、変数をケースに置き換えたり、ケースを変数に置き換えたりしてデータファイルを再構成できます。［データ］メニューから［再構成］を選択すると、右のようなウィザードが現れます。いくつか例を見ながら確認してみましょう。

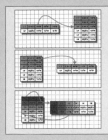

＜ステップ 1/7＞ このあとの例はすべて右の［どのような作業を行いますか？］で作業メニューを選択し、［次へ］をクリックして始めます。

▼ 選択された変数をケースに再構成する

ウィザードの最初の画面で1つ目のメニューを選択します。【例1】は、3店舗について2015年と2016年の四半期ごとの売上が変数として入力されたデータです。このメニューで【例1－a】～【例1－c】のように再構成できます。

【例1】

	area	shop	y2015_Q1	y2015_Q2	y2015_Q3	y2015_Q4	y2016_Q1	y2016_Q2	y2016_Q3	y2016_Q4
1	関東地区	A	165,892	49,830	46,596	50,311	49,813	38,026	27,554	61,953
2	中部地区	B	30,570	26,741	22,767	27,548	25,708	26,204	24,111	29,730
3	関西地区	C	20,759	44,385	44,462	36,134	45,233	77,521	35,978	28,497

【例1－a】2015年の4変数をケースに再構成

	area	shop	Q	y2015
1	関東地区	A	1	165,892
2	関東地区	A	2	49,830
3	関東地区	A	3	46,596
4	関東地区	A	4	50,311
5	中部地区	B	1	30,570
6	中部地区	B	2	26,741
7	中部地区	B	3	22,767
8	中部地区	B	4	27,548
9	関西地区	C	1	20,759
10	関西地区	C	2	44,385
11	関西地区	C	3	44,462
12	関西地区	C	4	36,134

【例1－b】2年分の8変数をケースに再構成

	area	shop	year	Q	uriage
1	関東地区	A	1	1	165,892
2	関東地区	A	1	2	49,830
3	関東地区	A	1	3	46,596
4	関東地区	A	1	4	50,311
5	関東地区	A	2	1	49,813
6	関東地区	A	2	2	38,026
7	関東地区	A	2	3	27,554
8	関東地区	A	2	4	61,953
9	中部地区	B	1	1	30,570
10	中部地区	B	1	2	26,741
11	中部地区	B	1	3	22,767
12	中部地区	B	1	4	27,548
13	中部地区	B	2	1	25,708
14	中部地区	B	2	2	26,204
15	中部地区	B	2	3	24,111
16	中部地区	B	2	4	29,730
17	関西地区	C	1	1	20,759
18	関西地区	C	1	2	44,385
19	関西地区	C	1	3	44,462
20	関西地区	C	1	4	36,134
21	関西地区	C	2	1	45,233
22	関西地区	C	2	2	77,521
23	関西地区	C	2	3	35,978
24	関西地区	C	2	4	28,497

【例1－c】各年ごとに4変数をケースに再構成

	area	shop	Q	y2015	y2016
1	関東地区	A	1	165,892	49,813
2	関東地区	A	2	49,830	38,026
3	関東地区	A	3	46,596	27,554
4	関東地区	A	4	50,311	61,953
5	中部地区	B	1	30,570	25,708
6	中部地区	B	2	26,741	26,204
7	中部地区	B	3	22,767	24,111
8	中部地区	B	4	27,548	29,730
9	関西地区	C	1	20,759	45,233
10	関西地区	C	2	44,385	77,521
11	関西地区	C	3	44,462	35,978
12	関西地区	C	4	36,134	28,497

それぞれ次ページのようにウィザードの設定を進めます。

▼【例 1 − a】の場合

<ステップ 2/7 >［再構成する変数グループ数］で［1つ］を選択します。

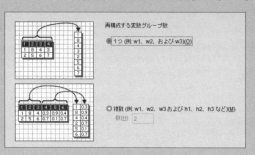

<ステップ 3/7 >［ケースグループの識別］を［なし］にします。

📎 ［ケース数を使用します］にするとケース番号を、［他の変数を使用します］にすると選択した変数の値を、再構成後の各ケースに割り当てた変数を作成します。

［目標変数］にケースに置き換える4つの変数を投入します。変数名を「trans1」から「y2015」に書き換えておきます。

［固定変数］には、再構成後もそのまま保持する変数を投入します。ここでは〔area〕（地区）と〔shop〕（店舗名）を投入します。

<ステップ 4/7 >［作成するインデックス変数の数］で［1つ］を選択します。

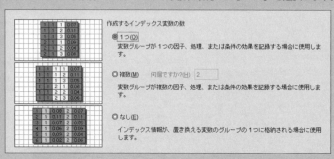

【例 1 − a】では四半期を表す変数〔Q〕を作成するためです。

<ステップ5/7> [インデックス値の種類] で [連続値] を選択します。

◎[変数名]にすると、もとの変数の名前がインデックスの値となります。

下のリストで変数名を「**インデックス1**」から「**Q**」に書き換えておきます。必要に応じて変数ラベルを入力します。再構成後に、インデックス値に値ラベル(「1」に「Q1」など)を付けるようにします。

<ステップ6/7> この例では、デフォルトのままの設定で続けます。

<終了ステップ> [データを今すぐ再構成する] を選択します。

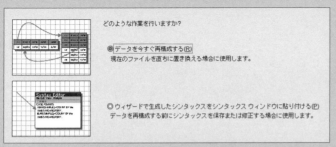

◎ 再構成後のデータが元データファイルの名称のまま置き換わります。そのまま保存すると元データファイルに上書きされるので、上書きしたくない場合は、別のファイル名をつけて保存するようにしましょう。

▼【例1－b】の場合

<ステップ2/7＞［再構成する変数グループ］で［1つ］を選択します。

<ステップ3/7＞［ケースグループの識別］を［なし］にします。

［目標変数］にケースに置き換える8つの変数を投入します。変数名を「trans1」から「uriage」に書き換えておきます。

［固定変数］には、〔area〕〔shop〕を投入します。

<ステップ4/7＞［作成するインデックス変数の数］で［複数］を選択し、［何個ですか？］に「2」と入力します。【例1－b】では年を表す変数〔year〕と四半期を表す変数〔Q〕を作成するためです。

<ステップ5/7＞2つのインデックス変数について変数名、変数ラベルを入力します。［レベル］には、変数〔year〕は2015年と2016年の2レベルなので「2」、変数〔Q〕は四半期の4レベルなので「4」と入力します。再構成後に、インデックス値に値ラベル（〔year〕の「1」に「2015年」、〔Q〕の「1」に「Q1」など）を付けるようにします。

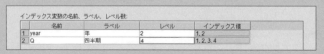

<ステップ6/7＞＜終了ステップ＞は【例1－a】と同様です。

▼【例1－c】の場合

<ステップ2/7＞［再構成する変数グループ］で［複数］を選択し、［数］に「2」と入力します。2015年と2016年でそれぞれケースに再構成するためです。

<ステップ3/7＞［ケースグループの識別］を［なし］にし、［固定変数］には、〔area〕〔shop〕を投入します。

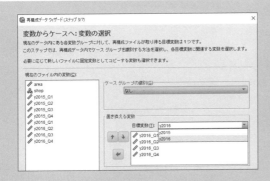

[目標変数]では、2つの変数グループ「trans1」と「trans2」がドロップダウンリストから選択できます。「trans1」を選択して2015年の4変数を投入し、さらに「trans2」を選択して2016年の4変数を投入します。それぞれ変数名を「y2015」と「y2016」に書き換えておきます。

<ステップ4/7>［作成するインデックス変数の数］で［1つ］を選択します。【例1-c】では四半期を表す変数〔Q〕を作成するためです。

<ステップ5/7>【例1-a】と同じ設定を行います。

<ステップ6/7> <終了ステップ>も【例1-a】と同様です。

▼選択されたケースを変数に再構成する

ウィザードの最初の画面で、2つ目を選択します。【例2】は、顧客の2015年と2016年の購買金額と来店回数が変数として入力されたデータです。【例3】は、顧客が購買した商品カテゴリコードが入力されたデータです。このメニューでそれぞれ【例2-a】【例3-a】のように再構成できます。

【例2】

	no	year	buy	freq
1	1	2015	275,612	31
2	1	2016	642,752	38
3	2	2015	2,838,504	125
4	3	2015	501,396	29
5	3	2016	700,156	54
6	4	2016	437,660	26

【例2-a】各年の金額と回数を変数に再構成

	no	buy 2015	buy 2016	freq 2015	freq 2016
1	1	275,612	642,752	31	38
2	2	2,838,504		125	
3	3	501,396	700,156	29	54
4	4		437,660		26

【例3】

	no	prdt_cd
1	1	2
2	1	4
3	2	1
4	2	3
5	2	4
6	3	2
7	3	5

【例3-a】購買商品カテゴリ数〔sum〕を計算し、各カテゴリの購買有無（0-1）を変数に再構成

	no	sum	prdt_1	prdt_2	prdt_3	prdt_4	prdt_5
1	1	2	0	1	0	1	0
2	2	3	1	0	1	1	0
3	3	2	0	1	0	0	1

それぞれ次のようにウィザードの設定を進めます。

▼【例2-a】の場合

<ステップ2/5>

[識別変数]には、再構成後に一意ケースとする変数を投入します。この例では、顧客NOを表す変数〔no〕を投入します。

[インデックス変数]には、変数としたいカテゴリ値の入った変数を投入します。この例では、年を表す変数〔year〕を投入します。

✎ インデックス変数は一意である必要があります。この例では、同じ顧客NOに対して同じ年度の入ったケースが複数ある場合は、再構成できません。その場合は、[グループ集計]手続き（☞データファイルの加工② 179ページ）であらかじめ一意となるよう集計しておきます。

ここで[現在のファイル内の変数]に残された変数のデータが、[インデックス変数]のカテゴリ値ごとに再構成されます。

<ステップ3/5> 再構成する際にデータを並べ替えるかどうかを選択します。ここでは[はい]のまま進めます。

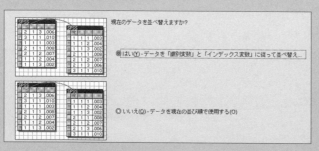

<ステップ4/5> [新しい変数グループの順序]では、再構成時の変数の順序を選択します。

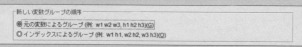

ステップ2/5の[現在のファイル内の変数]と[インデックス変数]に複数変数がリストされている場合に影響します。

[元の変数によるグループ]を選択すると、[現在のファイル内の変数]ごとに新変数が並びます（この例では、〔buy.2015〕〔buy.2016〕〔freq.2015〕〔freq.2016〕）。

[インデックスによるグループ]を選択すると、[インデックス変数]のカテゴリ値ごとに新変数が並びます（この例では、〔buy.2015〕〔freq.2015〕〔buy.2016〕〔freq.2016〕）。ここではデフォルトの設定のまま進めます。

<終了ステップ>[データを今すぐ再構成する]を選択します。

▼【例3－a】の場合

<ステップ 2/5>

[識別変数]には変数〔no〕、[インデックス変数]には変数〔prdt_cd〕を投入します。

<ステップ 3/5>【例2－a】と同様に、ここでは[はい]のまま進めます。

<ステップ 4/5>

[新しい変数グループの順序]はデフォルトのままにします。

[ケース度数変数]の[新しいケースの作成に使用した現在のデータ内のケース数]にチェックすると、ステップ2/5の[識別変数]が一意に集計される際に、元データでのケース数を算出した新しい変数が作成されます。この例の場合、各顧客が購買したカテゴリ数が算出されます。変数名を「sum」、変数ラベルを「購買商品カテゴリ数」と入力しておきます。

[識別変数]の[識別変数の作成]にチェックすると、ステップ2/5の[インデックス変数]の各カテゴリ値について、データの有無が「0」「1」で入った変数が作成されます。[ルート名]では、新しい変数群の接頭辞を設定します。ここでは「ind」から「prdt_」に変更しておきます。

<終了ステップ>[データを今すぐ再構成する]を選択します。

▶ すべてのデータを置き換える

ウィザードの最初の画面で、3つ目を選択します。
変数とケースをすべて入れ替えます。このメニューを選択すると、[行と列を入れ替え]ダイアログが開きます。

☞ 手続きの詳細はデータファイルの加工①（177ページ）を参照

Section 4 データファイルの結合

別のデータから変数を追加したりケースを追加したりというように、データを結合したい場合があります。SPSS データファイル同士であればこういった結合が可能です。例を見ながら、結合の手順を確認してみましょう。

データファイルの結合 ①
ケースを追加する

ある会員制雑誌の読者アンケートの 2 月分と 3 月分のデータが、別々の SPSS データファイルとして保存されています。回答者にはすべて id 番号（顧客番号）が与えられています。2 月分のデータに 3 月分のケースを追加する形で、2 つのデータファイルを 1 つに結合してみましょう。

Step① まず、2 月分のデータファイルを開きます。

Step② ［データ］メニューの［ファイルの結合］から［ケースの追加］を選択します。
［ケースの追加先］ダイアログボックスが開くので、追加したいケースを持っている 3 月分のデータファイルを選択し、［続行］をクリックします。

すると、右のような［ケースの追加］ダイアログボックスが開きます。

2 つのデータファイルは、変数名とそのデータ型をキーに結合されます。つまり、変数名とそのデータ型が同じであれば、結合すべき変数とみなされ、上のダイアログボックスでは右側の［新しいアクティブなデータセットの変数］にリストされます。しかし、片方のデータファイルにしか存在しない変数名や、同じ変数名であってもデータ型が異なる場合、

左側の［対応のない変数］にリストされ、そのままでは結合後のデータファイルからは除外されます。

この例では、次のような対応のない変数がありました。

〔input〕（入力者）：2月分のデータにしかなく、3月分にはない。
〔age〕と〔q2〕：同じ変数なのだが、2月分では〔age〕、3月分では〔q2〕という変数名がついている。
〔q3〕と〔job〕：同じ変数なのだが、2月分では〔q3〕、3月分では〔job〕という変数名がついている。

> ［対応のない変数］リストでは、現在開いているデータファイル（2月分）の変数には「(*)」、追加されるデータファイル（3月分）の変数には「(+)」の記号がついています。

今回は、〔input〕は結合後のデータには含めず、〔age〕と〔q2〕、〔job〕と〔q3〕は正しく対応させて、それぞれ変数名を〔age〕、〔job〕として結合後のデータに含めるよう設定します。

まず、2月分の〔age〕と3月分の〔q2〕を対応のある変数として扱うには、［対応のない変数］リスト上で、まず「age (*)」を選択し、さらに ctrl キーを押しながら「q2 (+)」をクリックします。

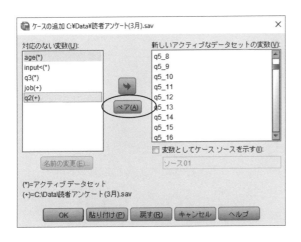

上のように2つ変数が選択された状態で、真ん中の［ペア］ボタンをクリックします。

すると、右側のリストに「age & q2」としてリストされます。

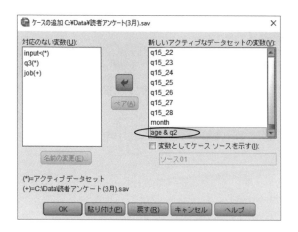

このように、変数名の異なる変数をペアとして指定した場合、現在開いているデータファイル（「アクティブデータセット」といいます）、つまり2月分のデータでの変数名〔age〕が、結合後のデータファイルでの変数名として使用されます。

Step 3　次に、2月分の〔q3〕と3月分の〔job〕を対応のある変数として扱い、変数名〔job〕として結合後のデータファイルに含めるよう設定します。

〔age〕のときのようにペアとして指定すると、結合後のデータファイルでの変数名が2月分の〔q3〕となってしまうので、適切ではありません。このような場合は、2月分の変数名〔q3〕を〔job〕に変更した上でペアを指定し、［新しいアクティブなデータセットの変数］リストに投入します。

まず［対応のない変数］リストで名前を変更したい「q3(*)」を選択し、［名前の変更］ボタンをクリックします。すると、右のようなダイアログボックスが開くので、［新しい変数名］を「job」に変更します。

［続行］ボタンをクリックして、［ケースの追加］ダイアログに戻ります。

すると、[対応のない変数]リストに「q3 -> job(*)」と表示され、名前が変更されていることが確認できます。

Step❹ このあと、「q3 -> job(*)」と「job(+)」の2つを選択し、[ペア]ボタンをクリックします。同じ変数名となった2つの変数が、対応のある変数〔job〕として、結合後のデータファイルに含められます。

- 変数名の変更は結合後のファイルに反映するだけで、元のデータファイルには影響しません。
- [変数としてケースソースを示す]にチェックすると、アクティブデータセットからのケースに「0」、追加ケースに「1」と入力された〔ソース01〕という変数が作成されます。変数名を変えたい場合はテキストボックスの「ソース01」を書き換えます。

以上の設定が完了したら[OK]をクリックします。2月分のデータファイルに3月分のケースが追加されます。

Attention

結合後のデータは作業データファイルの名前で結合後のファイルが表示されます。そのまま保存すると元のデータファイルに上書きされるので、上書きしたくない場合は、別のファイル名をつけて保存するようにしましょう。

以上のように、変数名が対応していない場合も[ケースの追加]手続きで対応させることができますが、手順が複雑になるので、あらかじめ結合前のデータファイル上で対応のある変数名に変更してから結合作業を行うことをおすすめします。

Section 4 データファイルの結合 197

データファイルの結合 ②
変数を追加する

「読者アンケート」(58 ページ) のデータと、「顧客情報」(133 ページ) のデータを顧客番号をキーに結合してみましょう。アンケート回答者の顧客番号と一致する顧客の情報を、顧客情報のデータファイルから検索し追加します。

顧客番号をキーとして結合する場合、どちらのデータファイルも顧客番号の昇順にソートされている必要があります。結合方法によっては、手続きの中でソートすることも可能ですが、ここではあらかじめソートしておく手順を紹介します。

Step❶ まず、顧客情報のデータファイルを開きます。
［データ］メニューから［ケースの並べ替え］を選択します。

すると、左のような［ケースの並べ替え］ダイアログボックスが開くので、〔id〕（顧客番号）を［並べ替え］リストに投入し、［並び順］が［昇順］にチェックされていることを確認して［OK］をクリックします。

Step❷ 並べ替えたデータファイルを上書き保存します。

Step❸ 次に、読者アンケートのデータファイルを開き、同様に〔id〕の昇順でソートします。

Step❹ 続いて、読者アンケートのデータで［データ］メニューの［ファイルの結合］から［変数の追加］を選択します。

［変数の追加先］ダイアログボックスが開くので、追加したい変数を持っている顧客情報のデータファイルを選択し、［続行］をクリックします。

すると、次のような［変数の追加］ダイアログボックスが開きます。

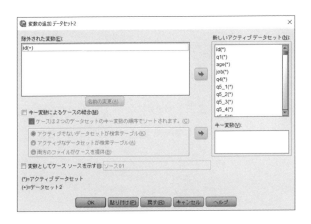

変数を追加する結合の手続きでは、2つのデータファイルで名前が重複しない変数はすべて右側の［新しいアクティブデータセット］にリストされます。

  ✎ 結合後のデータに含みたくない変数がある場合は、［新しいアクティブデータセット］リストでその変数を選択し、左側の［除外された変数］リストに移動します。

また、2つのデータファイルで名前が重複する変数があった場合、アクティブデータセット（この場合「読者アンケート」データ）の変数が結合後のデータに含まれます。もう一方のデータファイル（「外部ファイル」といいます）の変数は左側の［除外された変数］にリストされ、そのままでは結合後のデータから除外されます。

  ✎ 結合後のデータに含めたい場合は、変数名を重複しないものに変更した上で［新しいアクティブデータセット］リストに投入します。　　☞ 名前を変更する手続きの詳細については196ページを参照

この例では、変数［id］（顧客番号）が重複しているので、外部ファイルである顧客情報のデータの［id］が［除外された変数］にリストされています。しかし、この変数は2つのデータファイルを結合するキーとなる変数なので、［キー変数］として設定する必要があります。

［除外された変数］リストで「id(+)」を選択し、［キー変数によるケースの結合］にチェックします。2つのデータファイルをすでにソートしてある場合は、［ケースは2つのデータセットのキー変数の順序でソートされます。］にチェックします。

> ✎ このオプションは「ソートされています」の誤訳のようです。これにチェックしない場合、元のデータファイルがあらかじめソートされていなくても、内部的にキー変数でソートされて結合されます。ただし、両方のファイルからケースを含めたい場合は、あらかじめ元のデータファイルがソートされている必要があります。

さらにその下の［アクティブでないデータセットが検索テーブル］にチェックし、［キー変数］リストの左側にある矢印ボタンをクリックして、「id(+)」を［キー変数］リストに投入します。

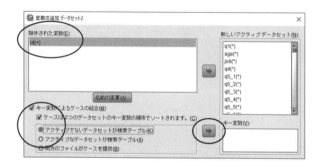

すると、以下のように変数［id］が［除外された変数］リストと［新しいアクティブデータセット］のリストから消え、［キー変数］リストに投入されます。

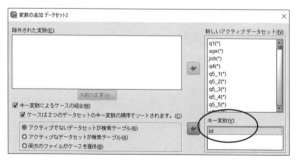

> ✎ キーにしたい変数の名前が2つのデータファイルで異なる場合は、［名前の変更］ダイアログで同じ名前に変更した上で、［キー変数］に投入します。

☞ 名前を変更する手続きの詳細については196ページを参照

以上の設定が完了したら［ OK ］ボタンをクリックします。

Step❺ すると、次のようなメッセージが現れますので、どちらのファイルもキー変数の昇順でソートされていることが確かであれば、［ OK ］をクリックします。

すると、アンケートのデータファイルに、各回答者の顧客情報の変数が追加されます。

Attention

この［ **変数の追加** ］手続きも、［ **ケースの追加** ］手続き（188 ページ）と同様に、作業データファイルの名前で結合後のファイルが表示されます。そのまま保存すると元のデータファイルに上書きされるので、上書きしたくない場合は、別のファイル名をつけて保存するようにしましょう。

今回の例では、キー変数を用いて外部ファイル（顧客情報）にあるデータを検索し、アクティブデータファイル（アンケートデータ）内のキー変数の値（アンケートの回答者）と一致するケースについてのみ変数を追加しました。

この他にも、**キー変数を使用しない結合方法**や、**キー変数を使用して両方のデータファイルのケースを含める結合方法**もあります。

結合のタイプと［ 変数の追加 ］ダイアログでの設定方法については、次ページを参照してください。

キー変数を使用しない場合

【アクティブデータファイル】

	a	var
1	1	
2	2	
3	3	
4	4	
5	5	
6		

【外部データファイル】

	b	var
1	1	
2	3	
3	5	
4		
5		
6		

［変数の追加］ダイアログボックスでは、［キー変数によるケースの結合］のチェックをはずして結合します。

結合後のデータは次のようになります。

【結合後のデータ】

	a	b
1	1	1
2	2	3
3	3	5
4	4	.
5	5	.
6		

このように、キー変数を使用しない場合は、2つのデータファイルが単純に横に結合されます。したがって、元のデータファイルでのケースの並び順が重要になります。

結合後のデータの有効ケース数は、ケース数が多いデータファイルのケース数に等しくなります。ケース数が少ないほうの変数については、データがないケースには欠損値が割り当てられます。

キー変数を使用する場合

【アクティブデータファイル】

	id	a	var
1	1	1	
2	2	1	
3	3	1	
4			
5			

【外部データファイル】

	id	b	var
1	2	2	
2	3	2	
3	4	2	
4	5	2	
5			

[変数の追加] ダイアログボックスでは、[キー変数によるケースの結合] にチェックし、キーとする変数〔id〕を [キー変数] リストに投入します。

① 作業データファイルのケースに一致するケースのデータを外部ファイルから含みたい場合

[アクティブでないデータセットが検索テーブル] にチェックして結合します。

【結合後のデータ】

	id	a	b	var
1	1	1	.	
2	2	1	2	
3	3	1	2	

② 外部ファイルのケースに一致するケースのデータを作業データファイルから含みたい場合

[アクティブなデータセットが検索テーブル] にチェックして結合します。

【結合後のデータ】

	id	a	b	var
1	2	1	2	
2	3	1	2	
3	4	.	2	
4	5	.	2	
5				

✎ ①と②の場合、検索テーブル内のキー変数の値に重複があると、正しく結合されません。

③ 両方のデータファイルからケースを含みたい場合

両方のデータファイルをあらかじめソートしておきます。[ケースは2つのデータセットのキー変数の順序でソートされます] にチェックします。

☞ ソートする手続きの詳細については198ページを参照

[両方のファイルがケースを提供] にチェックして結合します。

【結合後のデータ】

	id	a	b	var
1	1	1	.	
2	2	1	2	
3	3	1	2	
4	4	.	2	
5	5	.	2	

✎ ③の場合、作業データファイル内、および外部ファイル内のキー変数の値に重複があると、正しく結合されません。

 Technic　ファイル結合時に文字型変数の幅を合わせる

　ファイルを結合するときには、一致させたい文字型変数の幅が同じである必要があります。たとえば、読者アンケートで必ず聞いている自由意見の文字型変数〔fa〕は、月によって回答文字数がさまざまなため、幅が異なります。そのような異なる月の読者アンケートを［ケースの追加］手続きで結合する前に、［データ］メニューの［ファイル間での文字列幅の調整］手続きを利用して、幅を合わせることができます。

　どちらかのデータファイルで［ファイル間での文字列幅の調整］手続きをクリックします。［同期するファイル］で、［参照］ボタンをクリックし、結合したいもう一方のデータファイルを選択します。

　幅を合わせたい文字型変数〔fa〕を［調整する変数］リストに投入します。［サイズ調整規則］で、［ファイル間で最大］にチェックして、［OK］をクリックします。

　すると、より広い文字列幅に合わせて、幅が小さかったデータファイルの〔fa〕の型が変更されます。アクティブデータファイルの場合はそのファイル名のまま、同期するファイルの場合は「adjust_1」というデフォルト設定のデータセット名でその変更が反映されます。あとは、調整後のファイルを上書き保存もしくは別ファイル名を付けて保存し、［ケースの追加］手続きに進みます。

　結合するデータファイルを見比べて手作業で文字列幅を合わせることも可能ですが、この手続きを利用すると複数の文字型変数を一致させたいときや、多くのデータファイル間で一致させたいとき（シンタックスを利用します）に便利です。

Section 5　便利な関数

　［変換］メニューの［変数の計算］手続きでは、さまざまな関数を使用して変数を加工・作成することができます。この Section では、SPSS で使用できる関数の簡単な一覧とともに、知っていると便利な関数についていくつか例をあげて紹介します。

関数に関するヘルプを表示するには

　［変換］メニューから［変数の計算］を選択します。

　［変数の計算］ダイアログボックスの右にある［関数グループ］リストで関数の種類を選択し、［関数と特殊変数］リストでヘルプを参照したい関数を選択します。すると、左側の空欄にその関数の解説が現れます。

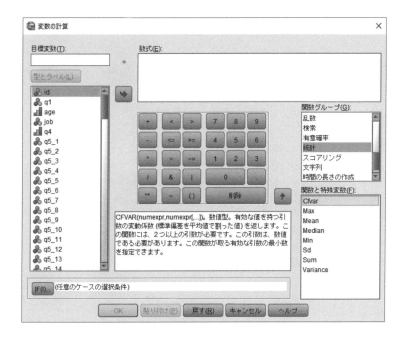

算術関数

[関数グループ：算術]

指定した数値型変数の値または数値の ……

ARSIN	逆正弦の結果をラジアン単位で返す
ARTAN	逆正接の結果をラジアン単位で返す
COS	余弦を返す
SIN	正弦を返す
LN	自然対数を返す
LG10	常用対数を返す
LNGAMMA	ガンマ関数の対数を返す
EXP	自然対数底の、指定したべき乗を返す
ABS	絶対値を返す
SQRT	正の平方根を返す
MOD	指定した数値で割った余りを返す
RND	整数に丸めた値を返す
TRUNC	整数に切り捨てた値を返す

統計関数

[関数グループ：統計]

MIN	指定した複数の変数の有効な値について、最小値を返す
MAX	指定した複数の変数の有効な値について、最大値を返す
SUM	指定した複数の数値型変数の有効な値について、合計値を返す
MEAN	指定した複数の数値型変数の有効な値について、算術平均を返す
MEDIAN	指定した複数の数値型変数の有効な値について、中央値を返す
SD	指定した複数の数値型変数の有効な値について、標準偏差を返す
VARIANCE	指定した複数の数値型変数の有効な値について、分散を返す
CFVAR	指定した複数の数値型変数の有効な値について、変動係数を返す

欠損値関数

欠損値を扱う関数です。

[関数グループ：欠損値]

NMISS	指定した 1 つ以上の変数のうち、欠損値のある変数の個数を返す
NVALID	指定した 1 つ以上の変数のうち、有効な非欠損値のある変数の個数を返す
MISSING	指定した変数に欠損値がある場合、1 または真を返す
SYSMIS	指定した変数の値がシステム欠損値である場合、1 または真を返す
VALUE	指定した変数の値（ユーザー指定の欠損値も含む）を返す
＄SYSMIS	システム欠損値を表すシステム変数

▼ 関数 [SYSMIS] の使用例

「変数〔a〕の値がシステム欠損値でない」という条件式は……

　　　SYSMIS(a) = 0

▼ 関数 [＄SYSMIS] の使用例

すべてシステム欠損値が入った変数〔b〕を新たに作成するには、[変数の計算] 手続きで [目標変数] に「b」、[数式] に「＄SYSMIS」と入力して実行します。

変換関数

変数の型を変換する関数です。

[関数グループ：変換]

NUMBER	指定した文字型変数の値を指定した数値型書式の数値に変換して返す
STRING	指定した数値型変数の値を指定した数値型書式で書き出したものを、文字列に変換して返す

▼ 数字が入力された文字型変数〔a〕を、幅「8」小数桁数「1」の数値型変数〔a_num〕に変換する場合

[変数の計算] 手続きで [目標変数] に「a_num」、[数式] に「NUMBER(a,F8.1)」と入力して実行します。

例）〔a〕の文字列値「1」は、〔a_num〕では数値「1.0」となります。

▼ 数値型変数〔b〕の値を、幅「8」小数桁数「0」の書式で文字型変数〔b_str〕に変換する場合

［変数の計算］手続きで［目標変数］「b_str」を幅「8」の文字型に指定し、［数式］に「STRING (b,F8.0)」と入力して実行します。

例）〔b〕の数値「1.6」は、〔b_str〕では文字列値「2」となります。

乱数変数と分布関数

以下の5つの関数グループに分類される関数です。関数名の接頭辞は分布に適用される関数を、接尾辞は分布を表します。各関数グループが含む分布は次ページの表のとおりです。

［関数グループ：CDFと非心度CDF］

累積分布関数（**Cdf.**）と非心累積分布関数（**Ncdf.**）。指定したパラメータを持つ分布から取り出された値が、指定した値未満となる累積確率を返す

［関数グループ：PDFと非心度PDF］

確率密度関数（**Pdf.**）と非心確率密度関数（**Npdf.**）。指定したパラメータを持つ分布の値が、指定した値と等しくなる確率密度を返す

［関数グループ：逆分布関数］

逆分布関数（**Idf.**）。指定したパラメータを持つ分布において、指定した確率密度と等しくなる値を返す

［関数グループ：乱数］

乱数発生関数（**Rv.**）。指定したパラメータを持つ分布から乱数変数を取り出して返す

［関数グループ：有意確率］

裾確率関数（**Sig.**）。指定したパラメータを持つ分布において、指定した値より大きくなる累積確率を返す

分布（接尾辞）		関数（接頭辞）						
		Cdf.	Ncdf.	Pdf.	Npdf.	Idf.	Rv.	Sig.
連続分布	ベータ分布（**BETA**）	○	○	○	○	○	○	
	2 変量正規分布（**BVNOR**）	○		○				
	コーシー分布（**CAUCHY**）	○		○		○		
	カイ 2 乗分布（**CHISQ**）	○	○	○	○	○	○	○
	指数分布（**EXP**）	○		○		○	○	
	F 分布（**F**）	○	○	○	○	○	○	○
	ガンマ分布（**GAMMA**）	○		○		○	○	
	半正規分布（**HALFNRM**）	○		○		○		
	逆ガウス分布（**IGAUSS**）	○		○		○		
	ラプラス分布（**LAPLACE**）	○		○		○	○	
	ロジスティック分布（**LOGISTIC**）	○		○		○	○	
	対数正規分布（**LNORMAL**）	○		○		○	○	
	正規分布（**NORMAL**）	○		○		○	○	
	パレート分布（**PARETO**）	○		○		○		
	スチューデント化された最大絶対値の分布（**SMOD**）	○				○		
	スチューデント化された範囲の分布（**SRANGE**）	○				○		
	スチューデント化された t 分布（**T**）	○	○	○	○	○	○	
	一様分布（**UNIFORM**）	○		○		○	○	
	ワイブル分布（**WEIBULL**）	○		○		○	○	
離散分布	ベルヌーイ分布（**BERNOULLI**）	○		○			○	
	2 項分布（**BINOM**）	○		○			○	
	幾何分布（**GEOM**）	○		○			○	
	超幾何分布（**HYPER**）	○		○			○	
	負の 2 項分布（**NEGBIN**）	○		○			○	
	ポアソン分布（**POISSON**）	○		○			○	

文字型関数

文字型変数を扱う関数です。

[関数グループ：文字列]

CONCAT	指定した2つ以上の文字型変数の値を連結した文字型の値を返す
LENGTH	指定した文字型変数の値の長さをバイト数で返す（**CHAR. LENGTH** は文字数で返す）
CHAR. SUBSTR	指定した文字型変数の値の、指定した文字位置から最後まで、もしくは指定した長さの部分文字列を返す（位置は文字数で指定）
LOWER	指定した文字型変数の値の中で、大文字が小文字に変換され、他の文字は変換されずに返される
UPCASE	指定した文字型変数の値の中で、小文字が大文字に変換され、他の文字は変換されずに返される
REPLACE	指定した文字型変数の値の中で、指定した文字を別の指定した文字に変換して返す
CHAR. INDEX	指定した文字型変数の値の中で、指定した文字列値が最初に現われた開始位置を示す整数を返す（位置は文字数で指定）
CHAR. RINDEX	指定した文字型変数の値の中で、指定した文字列値が最後に現われた開始位置を示す整数を返す（位置は文字数で指定）
CHAR. LPAD	指定した文字型変数の値の左側にスペースあるいは指定した単文字を追加して、全体の長さを指定した長さに拡張する（位置は文字数で指定）
CHAR. RPAD	指定した文字型変数の値の右側にスペースあるいは指定した単文字を追加して、全体の長さを指定した長さに拡張する（位置は文字数で指定）
LTRIM	指定した文字型変数の値の左側にあるスペースあるいは指定した単文字をすべて削除する
RTRIM	指定した文字型変数の値の右側にあるスペースあるいは指定した単文字をすべて削除する
NTRIM	指定した文字型変数の値の右側にあるスペースを削除しないで変数の値を返す
STRUNC	指定した文字型変数の値の右側にあるスペースを指定したバイト数だけ切り捨てる
NORMALIZE	指定した文字型変数の値を正規化した結果を返す
MBLEN.BYTE	指定した文字型変数の値の中で、指定した位置にある文字のバイト数を返す（位置はバイト数で指定。**CHAR. MBLEN** は文字数で指定）

▼ 関数［CONCAT］の使用例

	a	b
1	東京都	千代田区
2	東京都	港区
3	東京都	新宿区
4		

［変数の計算］手続きで、［目標変数］「ab」を幅「20」の文字型に指定し、［数式］に「CONCAT(a , ' ' , b)」として実行すると…
…　☞［変数の計算］手続きの詳細は Section 1（146 ページ）を参照

	a	b	ab
1	東京都	千代田区	東京都 千代田区
2	東京都	港区	東京都 港区
3	東京都	新宿区	東京都 新宿区
4			

変数〔a〕の値と、半角スペース、変数〔b〕の値を連結した新しい文字型変数〔ab〕が作成されます。

日付および時刻の関数

日付型変数や時間を扱う関数です。　☞［日付と時刻ウィザード］を用いた加工については 214 ページ参照

時間値（時間を表す関数の結果・時間書式の値または式）について ……

［関数グループ：時間の長さの抽出］

CTIME.DAYS	指定した時間値を小数部を含む日数に変換して返す
CTIME.HOURS	指定した時間値を小数部を含む時間に変換して返す
CTIME.MINUTES	指定した時間値を小数部を含む分に変換して返す
CTIME.SECONDS	指定した時間値を小数部を含む秒に変換して返す

日付書式の数値（日時を表す関数の結果／時間書式・日時書式の値または式）について ……

XDATE.HOUR	時間の部分（0 ～ 23 の整数）を返す
XDATE.MINUTE	分の部分（0 ～ 59 の整数）を返す
XDATE.SECOND	秒の部分（1 ～ 60 の整数）を返す
XDATE.TDAY	日数（整数）を返す

［関数グループ：時間の長さの作成］

TIME.DAYS	指定した日数に対応する時間の長さを返す
TIME.HMS	指定した時間、分、および秒に対応する時間の長さを返す

［関数グループ：日付作成］

DATE.DMY	指定した日、月、および年に対応する日付値を返す
DATE.MDY	指定した月、日、および年に対応する日付値を返す

DATE.MOYR	指定した月、および年に対応する日付値を返す
DATE.QYR	指定した四半期と年に対応する日付値を返す
DATE.WKYR	指定した週数および年に対応する日付値を返す
DATE.YRDAY	指定した年および日数に対応する日付値を返す

日付書式の数値（日時を表す関数の結果／時間書式・日時書式の値または式）について ……

[関数グループ：日時抽出]

XDATE.DATE	日付の部分を返す
XDATE.JDAY	年単位の日（1～366の整数）を返す
XDATE.MDAY	日の部分（1～31の整数）を返す
XDATE.MONTH	月の部分（1～12の整数）を返す
XDATE.QUARTER	四半期の部分（1～4の整数）を返す
XDATE.TDAY	日数（整数）を返す「時間の長さの抽出」に概出⇒211ページ
XDATE.TIME	時間を午前0時からの秒数で返す
XDATE.WEEK	週の部分（1～53の整数）を返す
XDATE.WKDAY	週の曜日番号（1（日曜日）～7（土曜日）の整数）を返す
XDATE.YEAR	年の部分（4桁の整数）を返す
YRMODA	1582年10月15日から、指定した年、月、および日の日付までの日数を返す

[関数グループ：算術日]

DATEDIFF	指定した2つの日付／時間値の差を計算し、指定した単位の日付／時間で整数を返す
DATESUM	指定した日付／時間値から、指定した単位の日付／時間を足した日付／時間値を返す

✎ **DATESUM**、**DATE.xxx**、**TIME.xxx** 関数の結果は内部的な時間値で表示されるので、正しく表示するには変数のデータ型を適切な日付型に変更する必要があります。

[関数グループ：現在の日付と時刻]

$Date	年数が2桁のdd-mmm-yy形式（幅8桁）での現在の日付を返す
$Date11	年数が4桁のdd-mmm-yyyy形式（幅11桁）での現在の日付を返す
$Jdate	1582年10月14日から現在の日付までの日数を返す
$Time	1582年10月14日から現在の日付までの秒数を返す

▼ 日付型変数〔a〕と日付型変数〔b〕の差を日数で表す計算式

$$\text{XDATE.TDAY}(b - a)$$

▼ 特定の日付（2001年5月1日）と日付型変数〔birth〕（誕生日）との日数差から年齢を算出する計算式

$$\text{XDATE.TDAY}(\text{DATE.DMY}(01, 05, 2001) - birth) / 365.24$$

検索関数

検索を行う関数です。

[関数グループ：検索]

RANGE	指定した変数の値が、指定した値の範囲内である場合に 1 または真を返し、範囲外である場合は 0 または偽を返す
ANY	指定した変数の値が、指定した 1 つ以上の値のいずれかに一致する場合は 1 または真を返し、一致しない場合は 0 または偽を返す
CHAR. INDEX	「文字型関数」に既出（⇒ 210 ページ）
CHAR. RINDEX	同上
REPLACE	同上
MIN	「統計関数」に既出（⇒ 206 ページ）
MAX	同上

その他の関数

[関数グループ：その他]

$casenum	現在のケースの時系列番号（1 からの整数連番）を返す
LAG	指定した変数について、データファイル上で 1 つあるいは指定した数だけ上にあるケースの値を返す
VALUELABEL	指定した度数の値ラベルを文字列として返す

▼ 変数〔a〕について 2 ケース上の値の入った新しい変数〔a_lag2〕を作成する場合

[変数の計算] 手続きで、[目標変数] に「a_lag2」、[数式] に「LAG (a,2)」と入力して実行します。

	a	a_lag2
1	1	
2	2	
3	3	1
4	4	2
5	5	3

Section 6 日付と時刻のデータ加工

日付と時刻に関するデータ加工は、[日付と時刻ウィザード]を使用することもできます。

[変換]メニューから[日付と時刻ウィザード]を選択すると、次のようなウィザードが現れます。どのようなデータ加工が可能なのか、順に見てみましょう。

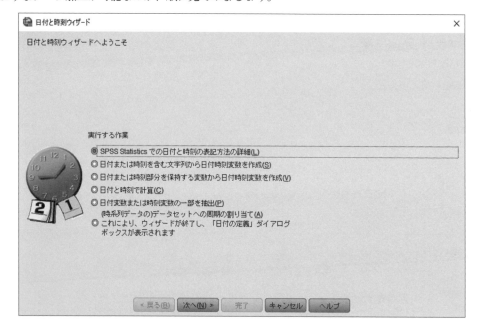

▼[SPSS Statistics での日付と時刻の表記方法の詳細]

SPSS の日付時刻変数の特徴について解説が表示されます。

▼[日付または時刻を含む文字列から日付時刻変数を作成]

日付や時刻が文字型変数で表されている場合に、その文字列に基づいて新たに日付型変数を作成します。SPSS で日付型と認識されるパターンで文字列が入力されている場合に有効です。右のように、文

	date_1	date_2
1	2010/03/12	2010/03/12
2	2010/07/01	2010/07/01
3	10/11/3	2010/11/03
4	10/12/35	

字型変数〔date_1〕から日付型変数〔date_2〕を作成できます。

> ✎ パターンに合わない文字列や不適切な文字列（4つ目のケースなど）がある場合、エラーが出力されシステム欠損値となります。

［日付と時刻ウィザード（ステップ1/2）］

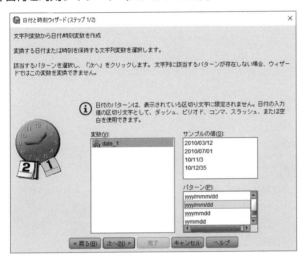

［変数］リストで対象の文字型変数〔date_1〕を選択し、［パターン］で適した日付型のパターンを選択します。ここでは「yyyy/mm/dd」を選択します。

［日付と時刻ウィザード（ステップ2/2）］

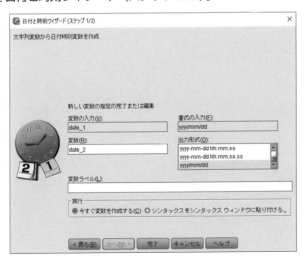

［変数］テキストボックスに、新しく作成する日付型変数の変数名〔date_2〕を入力します。［出力形式］で適当なパターンを選択します。

▼［日付または時刻部分を保持する変数から日付時刻変数を作成］

　日付や時刻の一部分を表す数値型変数があるときに、それらを結合して新しい日付型変数を作成します。以下のように、年・月・日・時・分を表す5つの数値型変数を結合して、日付型変数〔date〕を作成できます。

	year	month	day	hour	minute	date
1	2014	1	20	7	35	20-Jan-2014 07:35
2	2015	5	3	23	20	3-May-2015 23:20
3	2016	12	15	12	43	15-Dec-2016 12:43

［日付と時刻ウィザード（ステップ 1/2）］

　［変数］リストから、それぞれ右側のボックスに対応する変数を投入します。

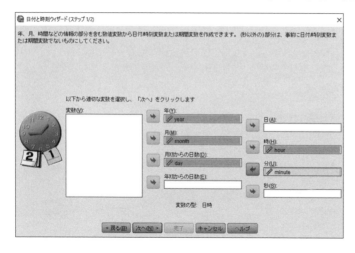

216　第4章　下ごしらえをしましょう　－データの加工

[日付と時刻ウィザード（ステップ2/2）]

［変数］テキストボックスに、新しく作成する日付型変数の変数名〔date〕を入力します。［出力形式］で適当なパターンを選択します。

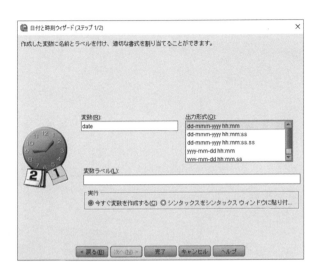

▼［日付と時刻で計算］

このメニューでは、次のような3つの加工が選択できます。

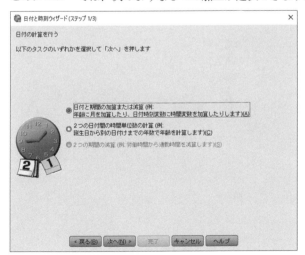

▼ [日付と期間の加算または減算]

日付型変数に期間を表す変数を加減したり、期間の定数を加減します。

以下のように、会員登録日を表す日付型変数〔reg〕に会員カード有効期間の2年間を足した日付型変数〔expire〕を作成できます。

	reg	expire
1	2015/05/06	2017/05/06
2	2015/12/15	2017/12/15
3	2016/07/25	2018/07/25

[日付と時刻ウィザード（ステップ2/3）]

[変数] リストから〔reg〕を [日付] に投入します。さらに [期間定数] に「2」と入力し、[単位] のドロップダウンリストから「年」を選択します。

2年を加算するので、[操作] は [加算] にチェックします。

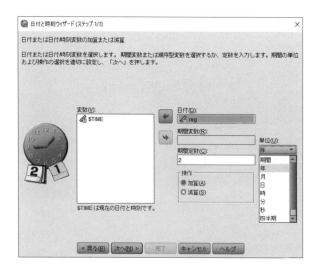

[日付と時刻ウィザード（ステップ3/3）]

[変数] テキストボックスに、新しく作成する日付型変数の変数名〔expire〕を入力します。

▼［２つの日付間の時間単位数の計算］

日付型変数間の差を計算します。

以下のように誕生日を表す日付型変数〔birth〕に関して、現在の日付〔$TIME〕との差から年齢を表す新しい変数〔age〕を作成できます。

	birth	age
1	1980/02/16	36
2	1998/10/04	17
3	1947/08/15	68

［日付と時刻ウィザード（ステップ2/3）］

［変数］リストから、現在の日付を表す特殊変数〔$TIME〕を［日付１］に、変数〔birth〕を［引く日付２］に投入します。差を表す単位として、ドロップダウンリストから「年」を選択します。

［結果の処置］で、小数部の扱い方を選択する。

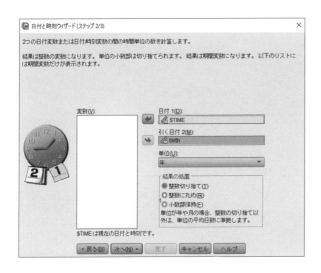

［日付と時刻ウィザード（ステップ3/3）］

［変数］テキストボックスに、新しく作成する変数名〔age〕を入力します。

▼［２つの期間の減算］

時間や期間を表した日付型変数間の差を計算します。

以下のように、ある日の勤務時間を表す「hh:mm」型の日付型変数〔kinmu〕と、休憩時間を表す〔rest〕の差を算出した、新しい日付型変数〔work〕を作成できます。

	kinmu	rest	work
1	9:23	1:00	8:23
2	12:30	0:45	11:45
3	8:45	0:50	7:55

［日付と時刻ウィザード（ステップ2/3）］

［変数］リストから、変数〔kinmu〕を［期間１］に、変数〔rest〕を［引く期間２］に投入します。

［日付と時刻ウィザード（ステップ3/3）］

［変数］テキストボックスに、新しく作成する日付型変数の変数名〔work〕を入力し、［出力形式］でそのパターンを選択します。この場合、１日以内の時間・分が算出されるので、「hh:mm」とします。

▼ [日付変数または時刻変数の一部を抽出]

日付または時刻を表す日付時刻型の変数から、年の部分、時間の部分といった一部を抽出します。

以下のように、誕生日を表す日付型変数〔birth〕から、年の部分を抽出して新しい数値型変数〔birth_y〕を作成することができます。

	birth	birth_y
1	1980/02/16	1980
2	1998/10/04	1998
3	1947/08/15	1947

[日付と時刻ウィザード（ステップ 1/2）]

[変数] リストから〔birth〕を [日付または時刻] に投入します。さらに [抽出する単位] として、ドロップダウンリストから「**年**」を選択します。

📝 [日付または時刻] に日付型の変数を投入すると、データ型が自動判別されて [書式] に表示されますが、この例のように「yyyy/mm/dd」型なのに「**ddd hh：mm**」と表示されるという不具合があります（画面表示上の不具合であり、実行結果には影響はありません）。ver. 24 の Fix pack 1 で修正予定とのことです。

[日付と時刻ウィザード（ステップ 2/2）]

[変数] テキストボックスに、新しく作成する数値型変数の変数名〔birth_y〕を入力します。

▼ [(時系列データの) データセットへの周期の割り当て]

[日付の定義] ダイアログボックスが開きます。時系列データに対して、指定した時間間隔に基づく周期を表す変数を作成する機能です。

SPSS

第5章
これで準備は万全です
データの整理と保存

ようやく下ごしらえが完了しました。大事な材料ですから、料理に取り掛かる前にきちんと整理整頓しておきましょう。手順も考えて整理することで、料理のスピードもアップします。
この章では、作成したデータの詳細を確認・記録する方法や、分析しやすいように変数をグループ化する手順、データファイルを保存する方法などを紹介します。

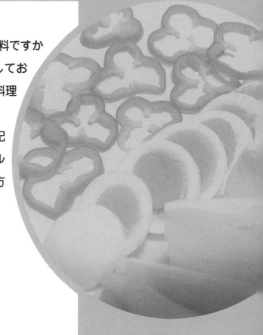

Section 1 データの整理

SPSS には、データの整理や管理に役立つ次のような機能があります。

	加工	解説ページ
データビューを カスタマイズする	①変数を削除・移動する	224〜
	②データビューを分割する	225〜
	③ダイアログボックスの変数リストに表示する変数を制御する	226〜
変数ビューを カスタマイズする	①変数を削除・移動する	228〜
	②属性の表示・非表示を設定する	229〜
	③新しい変数属性を作成する	230〜
	④属性の値で変数の並び順を変更する	232〜
データを管理する	①変数の定義情報を表示・出力する	233〜
	②データに解説をつける	234〜
	③データを印刷する	236〜

それぞれ手順を確認してみましょう。

データビューをカスタマイズする①
変数を削除・移動する

▼ 変数を削除するには

削除したい変数を選択します。変数名部分をクリックすると、その変数（列）を選択できます。複数の連続した変数を選択する場合はクリック＆ドラッグします。変数名の上で右クリックし、[クリア] をクリックすると、選択した変数が削除されます。

あるいは、変数を選択した状態で **Delete** キーを押しても削除できます。

▼ 変数を移動するには

移動したい変数を選択します。変数名の上でクリックしたままドラッグすると、変数と変数の境界線に赤い線が表示され、ドラッグにあわせて移動します。赤い線が移動したい場所にきたときに、ドロップします。

データビューをカスタマイズする②
データビューを分割する

データビューを分割するには、[ウィンドウ] メニューから [分割] を選択します。

現れた分割の境界をドラッグして好みの表示状態にします。

分割を解除する場合は、[ウィンドウ] メニューから [分割解除] を選択します。もしくは、分割線状にマウスを置き、両矢印のアイコンが出ている状態でダブルクリックしても解除されます。

Section 1　データの整理

データビューをカスタマイズする③
ダイアログボックスの変数リストに表示する変数を制御する

　データに含まれる変数が多い場合、ダイアログボックスで目的の変数を選択するために変数リストを上へ下へとスクロールしなければなりません。これがたび重なると時間的にかなりの負担になります。対象となる変数が限られている分析では、必要な変数だけをリストするようにできれば、分析の能率が大変アップするでしょう。
　SPSSでは、そういったひとかたまりの変数群を「変数グループ」として定義し、必要に応じてその変数グループに属する変数だけをダイアログボックスの変数リストに表示させることができます。

　たとえば、「読者アンケート」のデータ（58ページ）で、現在持っているデジタル機器について、性別、年齢、職種、およびパソコン利用歴との関係を分析したい場合、分析に使用する変数は〔q1〕、〔age〕、〔job〕、〔q6_1〕～〔q6_26〕となります。これらの変数を「持ち物分析」という変数グループに定義し、使用してみましょう。

Step❶ [ユーティリティ] メニューから [変数グループの定義] を選択します。
　次のような [変数グループの定義] ダイアログボックスが開くので、[変数グループの名前] テキストボックスに「持ち物分析」と入力します。

✎ 変数グループ名の長さは最大で半角64文字（全角では32文字）です。

　さらに、左下の変数リストから、グループに含める変数を右側の [変数グループ内の変数] リストに投入します。

　そして、[変数グループを追加] ボタンをクリックすると、次ページのように変数グループがリストされます。

✎ 複数の変数グループを作成する場合は、続けて同様の手順で別の
変数グループを定義します。1つの変数を複数の変数グループに
所属させることも可能です。

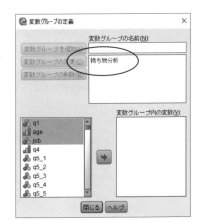

あとは、[閉じる]ボタンをクリックすれば、変数グループの
定義が完了します。

Step❷ さらに、定義した変数グループを使用するには[ユーティリティ]
メニューから[変数グループの使用]を選択します。
　右のような[変数グループの使用]ダイアログボックスが開きます。

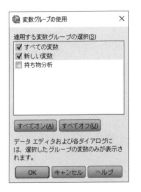

✎ [適用する変数グループの選択]にリストされている[すべての変数]に
チェックすると、データファイルのすべての変数が表示されます。
[新しい変数]にチェックすると、セッション中に作成される新しい変数
のみが表示されます。

ここでは、定義した「持ち物分析」グループだけを使用したいので、[すべての変数]と[新しい
変数]のチェックをはずし、「持ち物分析」だけにチェックして、[OK]ボタンをクリックします。
するとダイアログボックスの変数リストでは、定義した変数グループに所属する変数だけがリストされ
ます。

[分析]⇒[報告書]⇒[OLAPキューブ]を選択
した場合、右のようなダイアログボックスが開きます。定
義した変数グループに所属する変数だけがリストされてい
ます。

変数ビューをカスタマイズする①
変数を削除・移動する

▼変数を削除するには

削除したい変数を選択します。

左端の灰色の番号部分をクリックすると、その行を選択できます。複数の連続した変数（行）を選択する場合はクリック＆ドラッグします。

灰色の番号部分の上で右クリックし、[**クリア**]をクリックすると、選択した変数が削除されます。

あるいは、変数を選択した状態でDeleteキーを押しても削除できます。

▼変数を移動するには

移動したい変数を選択します。

灰色の番号部分の上でクリックしたままドラッグすると、行と行の境界線に赤い線が表示され、ドラッグにあわせて移動します。

赤い線が移動したい場所にきたときに、ドロップします。

変数ビューをカスタマイズする②
属性の表示・非表示を設定する

［表示］メニューの［変数ビューのカスタマイズ］で、変数ビューに表示する属性を選ぶことができます。たとえば以下のようなデフォルト設定の変数ビューを、「名前」「ラベル」「値」「欠損値」「尺度」だけ表示するようにしたい場合……

	名前	型	幅	小数桁数	ラベル	値	欠損値	列	配置	尺度	役割
1	q1	数値	8	0	性別・未既婚	{1, 男性（未...	なし	16	遍右	♣名義	↘入力
2	age	数値	8	0	年齢	{1, ～14歳}...	なし	12	遍右	▮順序	↘入力
3	job	数値	8	0	職種	{1, 営業職}...	なし	10	遍右	♣名義	↘入力
4	q4	数値	8	0	パソコン使用歴	{1, 使ったこ...	なし	14	遍右	▮順序	↘入力
5	q5_1	数値	8	0	NEC	{0, 非選択}...	なし	8	遍右	♣名義	↘入力
6	q5_2	数値	8	0	ソニー	{0, 非選択}...	なし	8	遍右	♣名義	↘入力
7	q5_3	数値	8	0	富士通	{0, 非選択}...	なし	8	遍右	♣名義	↘入力

［変数ビューのカスタマイズ］で、表示したい属性にチェックされている状態にし、［OK］をクリックします。

すると、変数ビューの表示が以下のようにコンパクトになります。

	名前	ラベル	値	欠損値	尺度
1	q1	性別・未既婚	{1, 男性（未...	なし	♣名義
2	age	年齢	{1, ～14歳}...	なし	▮順序
3	job	職種	{1, 営業職}...	なし	♣名義
4	q4	パソコン使用歴	{1, 使ったこ...	なし	▮順序
5	q5_1	NEC	{0, 非選択}...	なし	♣名義
6	q5_2	ソニー	{0, 非選択}...	なし	♣名義
7	q5_3	富士通	{0, 非選択}...	なし	♣名義

元の変数ビューに戻したい場合は、［変数ビューのカスタマイズ］を開き、［デフォルト復元］ボタンをクリックします。

変数ビューをカスタマイズする③
新しい変数属性を作成する

デフォルトの属性だけでなく、カスタマイズした属性を作成することができます。たとえば、アンケート回答データに「回答形式」という属性を作成し、各変数に「シングルアンサー」「マルチアンサー」「空欄記入」「自由記述」といった属性値を設定することができます。

中学生へのアンケート（22ページ）の例で設定してみましょう。

Step① ［データ］メニューから［新しいユーザー指定の属性］を選択します。

Step② 左側の変数リストから、シングルアンサー（単一選択）形式の変数を［選択された変数］リストに投入します。［属性名］に「回答形式」、［属性値］に「シングルアンサー」と入力して［OK］をクリックします。

すると、変数ビューの右端に、以下のような「［回答形式］」という属性が作成されたのが確認できます。

✎ ユーザー指定の属性はかっこ（[ ]）でくくられます。

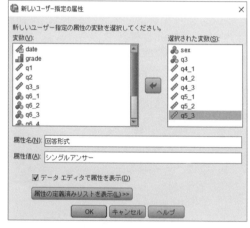

Step③ つづけて、もう一度［新しいユーザー指定の属性］を開き、次の属性値を設定します。マルチアンサー（複数選択）形式の変数をリストに投入し、［属性名］に「回答形式」、［属性値］に「マルチアンサー」と入力して［OK］をクリックします。

Step❹ 設定したい属性値の数だけ、同じ手続きを繰り返します。

Technic [新しいユーザー指定の属性] 手続きのシンタックス

属性値が多い場合、上記のような設定を繰り返すのは少し面倒ですね。シンタックスを使えば簡単に設定できます。

VARIABLE ATTRIBUTE
　VARIABLES = sex q3 q4_1 q4_2 q4_3 q5_1 q5_2 q5_3

 ✎ 変数を直接入力すると間違いのもとですから、234ページのTechnicで紹介する[変数]ダイアログボックスを活用しましょう。入力したい変数を複数選択した状態で[貼り付け]ボタンをクリックすると、一度に入力することができます。

　ATTRIBUTE = 回答形式（'シングルアンサー'）
/VARIABLES = q6_1 TO q6_8

 ✎ 連番変数名のメリットを活かしTOコマンドで省略入力しましょう。

　ATTRIBUTE = 回答形式（'マルチアンサー'）
/VARIABLES = date grade q1 q2 q3_s
　ATTRIBUTE = 回答形式（'空欄記入'）
/VARIABLES = q7
　ATTRIBUTE = 回答形式（'自由記述'）.

 ✎ コマンドターミネーターの「.」（半角ピリオド）を忘れずに！

Attention

　いったん作成した属性を削除するのはシンタックスでのみ可能です。たとえば「回答形式」という属性を削除したい場合は、以下のようなシンタックスを実行してください。

　　VARIABLE ATTRIBUTE
　　　VARIABLES = all
　　　DELETE = 回答形式.

変数ビューをカスタマイズする④
属性の値で変数の並び順を変更する

変数を属性の値の昇順または降順で並べ替えることができます。たとえば、「尺度」の順で並べ替えておき、基礎集計を素早く行いたいときなどに活用できます。

［データ］メニューから［変数の並べ替え］をクリックします。

属性のリストから、並べ替えの基準としたい属性（この例の場合は「尺度」）を選択し、［並び順］で［昇順］か［降順］をチェックします。

さらに、はじめて変数の並べ替えを行うときは、［現在の（事前に並べ替えた）変数の表示順序を新しい属性で保存する］にチェックし、適当な属性名を入力します（この例では「オリジナル順」とします）。

［OK］をクリックすると、以下のように変数が「尺度」の昇順で並び替わり、右端に「オリジナル順」という、並び替え前の変数順が1からの連番で設定された新しい属性が作成されます。

	名前	型	幅	小数桁数	ラベル		尺度	役割	回答形式	オリジナル順
1	sex	数値	8	0	性別	{1,	名義	入力	シングルアンサー	02
2	q3	数値	8	0	塾に通っているか？	{-1,	名義	入力	シングルアンサー	06
3	q6_1	数値	8	0	好きな教科：英語	{0,	名義	入力	マルチアンサー	14
4	q6_2	数値	8	0	好きな教科：数学	{0,	名義	入力	マルチアンサー	15
5	q6_3	数値	8	0	好きな教科：国語	{0,	名義	入力	マルチアンサー	16
6	q6_4	数値	8	0	好きな教科：社会	{0,	名義	入力	マルチアンサー	17
7	q6_5	数値	8	0	好きな教科：理科	{0,	名義	入力	マルチアンサー	18
8	q6_6	数値	8	0	好きな教科：体育	{0,	名義	入力	マルチアンサー	19
9	q6_7	数値	8	0	好きな教科：美術	{0,	名義	入力	マルチアンサー	20
10	q6_8	数値	8	0	好きな教科：技術家庭	{0,	名義	入力	マルチアンサー	21
11	q7	文字列	80	0	今いちばんしたいこと	なし	名義	入力	自由記述	22
12	grade	数値	8	0	学年	{1,	順序	入力	空欄記入	03
13	date	日付	10	0	回答日	なし	スケール	入力	空欄記入	01
14	q1	数値	8	0	平均睡眠時間（時間/日）	{-1,	スケール	入力	空欄記入	04
15	q2	カンマ	8	0	おこづかい（円/月）	{-1,	スケール	入力	空欄記入	05
16	q3_s	数値	8	0	週に何日通っているか？	{-1,	スケール	入力	空欄記入	07
17	q4_1	数値	8	0	好きな程度：授業	{1,	スケール	入力	シングルアンサー	08
18	q4_2	数値	8	0	好きな程度：部活	{1,	スケール	入力	シングルアンサー	09
19	q4_3	数値	8	0	好きな程度：塾	{1,	スケール	入力	シングルアンサー	10
20	q5_1	数値	8	0	大切な程度：家族	{1,	スケール	入力	シングルアンサー	11
21	q5_2	数値	8	0	大切な程度：友達	{1,	スケール	入力	シングルアンサー	12
22	q5_3	数値	8	0	大切な程度：先生	{1,	スケール	入力	シングルアンサー	13

もとの変数順序に戻したい場合は、［変数の並べ替え］で「オリジナル順」の昇順で並べ替えます。

データを管理する①
変数の定義情報を表示・出力する

　変数の定義情報は［変数ビュー］で確認することができますが、［データビュー］や出力ファイル、シンタックスファイルを見ているときも、変数の情報を表示することができます。

　［ユーティリティ］メニューから、［変数］を選択します。

　すると、右のような画面が現れます。左側の変数リストの変数をクリックすると、右側にその変数のすべての定義情報が表示されます。

　加工や分析の作業中にちょっと変数の内容を確認したいときに便利です。

　また、変数の定義情報を出力ファイルに出力することもできます。
　［ファイル］メニューの［データファイル情報の表示］から［作業ファイル］をクリックします。
　すると、次のような変数情報、値ラベル情報、ユーザー指定の属性情報などが出力されます。
　このように作成した一覧を保存したり印刷するなどすると、データファイルの管理に活用できます。

Section 1　データの整理

他の便利な使い方（［ユーティリティ］メニューの［変数］ダイアログ）

［ユーティリティ］メニューの［変数］ダイアログボックスで、［貼り付け］ボタンをクリックすると、選択している変数名がシンタックスエディタに貼り付けられます。変数の内容を確認しながら、直接変数名を入力することなくシンタックス中に変数名を記述できるわけです。

また、［移動］ボタンをクリックすると、データエディタ上のその変数の位置にアクティブセルが移動します。たくさんの変数を扱っているときなど、すばやく目的の変数を見つけたいときに便利です。

 ［データ ファイル情報の表示］手続きのシンタックス

［ファイル］メニューの［データ ファイル情報の表示］の機能は、以下のような DISPLAY コマンドシンタックスを実行することで、出力する変数や定義情報をコントロールできます。

DISPLAY DICTIONARY
　/VARIABLES = SEX GRADE.
　　🖉 定義情報を出力したい変数名を「/VARIABLES = 」の後ろに半角スペースで区切ってリストします。

DISPLAY NAMES. ☛ 変数名だけが出力されます。
DISPLAY INDEX. ☛ 変数名と、データエディタでの変数の位置が出力されます。
DISPLAY LABELS. ☛ 変数名、変数ラベル、変数の位置が出力されます。
DISPLAY ATTRIBUTES. ☛ ユーザー指定の属性がある場合、各変数の属性値と、そのデータセットに定義された属性の一覧が出力されます。

データを管理する②
データに解説をつける

データファイルに解説をつけ、データファイルと一緒に保存することができます。たとえば、「読者アンケート」データ（58 ページ）に「2016 年 2 月および 3 月の読者アンケート」という解説をつけたい場合、**読者アンケート**のデータファイルを開き、［ユーティリティ］メニューから［データ ファイルのコメント］を選択します。

次のようなダイアログが開くので、[コメント]というところに解説を入力します。

[OK]をクリックすると、データファイルに解説がつけられます。データファイルを保存すれば、解説も一緒に保存されます。

解説の内容を出力ビューアに表示するには、左下の[出力時にコメントを表示する]にチェックして[OK]をクリックします。

解説を追加・変更・削除する場合は、[データ ファイルのコメント]ダイアログを開き、編集します。編集するたびにコメントの最後に日付スタンプが追加されます。

✎ Ver.24 では、[データ ファイルのコメント]に日本語を入力した場合、一度このダイアログを閉じたり、[出力時にコメントを表示する]にチェックして[OK]すると、文字化けが発生、もしくは入力内容が保存されていないという不具合が確認されています。英語を入力した場合は問題ありません。下記のTechnic で示したように、シンタックスで解説を設定・表示することは日本語でも問題ないようです。
Ver. 24 Fix Pack 1 で修正予定とのことです。

 [データ ファイルのコメント]手続きのシンタックス

シンタックスを使用しても解説を管理できます。

解説の設定	DOCUMENT 解説文.
	例）DOCUMENT 2016 年 2 月および 3 月の読者アンケート.
解説の表示	DISPLAY DOCUMENTS.
解説の削除	DROP DOCUMENTS.

✎ 削除のコマンドを実行すると、すべての解説が削除されます。

データを管理する③
データを印刷する

データエディタの [**データビュー**] や [**変数ビュー**] の内容を印刷することができます。

印刷したい [**データビュー**] もしくは [**変数ビュー**] を表示し、[**ファイル**] メニューから [**印刷プレビュー**] を選択します。

次のようなプレビュー画面が表示されます。

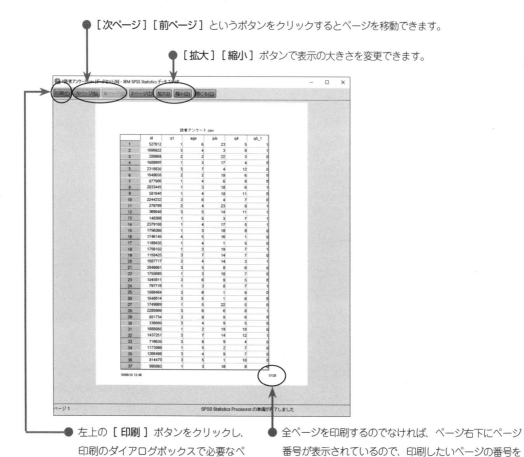

● [次ページ] [前ページ] というボタンをクリックするとページを移動できます。

● [拡大] [縮小] ボタンで表示の大きさを変更できます。

● 左上の [**印刷**] ボタンをクリックし、印刷のダイアログボックスで必要なページを指定して印刷します。

● 全ページを印刷するのでなければ、ページ右下にページ番号が表示されているので、印刷したいページの番号を確認します。

アンケートの自由記述回答の一覧表を作成する

アンケートの自由記述欄を見やすく出力したいときがあります。たとえば、中学生へのアンケート（22ページ）で、「今いちばんしたいこと」（変数〔q7〕）が以下のように回答されていたとします。このような場合、回答していない空白ケースを除いた上で、学年・性別順に自由記述内容が一覧で見られるとわかりやすそうですね。

Step❶ まず、[データ] メニューの [ケースの並べ替え] で、〔grade〕（学年）、〔sex〕（性別）の順に変数をリストに投入し、[昇順] で並べ替えを実行します。

Step❷ さらに、空白ケースを対象外するため [データ] メニューの [ケースの選択] で [IF 条件が満たされるケース] にチェックし、[IF] ボタンをクリックして、以下のように条件式を入力し、ケースの選択を実行します。

q7 ~= ' '

✎「~=」は論理不等号（not equal）、シングルコーテーション（' '）の間は半角スペースを入力します。

✎ 計算パッドの詳細は第 4 章 Section1（146 ページ）を参照

Step❸ 一覧表を出力するため、[分析] メニューの [報告書] から [ケースの要約] を選択します。

[変数] リストに、一覧表に表示させたい順に変数を投入します。
[ケースの表示] だけにチェックされた状態にして、[OK] をクリックすると、一覧表が出力されます。

Section 1 データの整理　237

Section 2 データの保存

　SPSSで作成したデータを保存するには、[ファイル]メニューの[名前を付けて保存]を選択します。

　[名前を付けて保存]ダイアログボックスで、ファイルを保存したい場所を表示し、[ファイル名]テキストボックスにファイルの名前を入力します。

　[変数]ボタンをクリックすると、保存する変数を選択できます。次のようなダイアログが現れるので、保持しない変数の✔印をクリックして解除します。右側の[すべて保持][すべて除外]ボタンをクリックすると、全変数に対して一括設定できます。[表示のみ]は現在使用している変数グループ（☞226ページ）の変数だけが選択されます。

[続行]をクリックし、[保存]ボタンをクリックするとSPSSデータファイルとして保存されます。

データを保存するシンタックス

SPSS データファイルを保存するコマンドシンタックスは次のように記述します。

たとえば、作業データファイルを「顧客情報.sav」というファイル名で C ドライブの Data というフォルダに保存したい場合……　　SAVE OUTFILE = 'C：¥Data¥顧客情報.sav'．

☞「SAVE OUTFILE = 」の後ろに、ファイルを保存する場所とファイル名を「'」（半角シングルコーテーション）で囲んで記述し、最後に「.」（半角ピリオド）をつけます。

また、「/KEEP」や「/DROP」サブコマンドを加えることで、作業データファイルのうち、必要な変数だけを保存したり、不必要な変数を除いて保存することができます。

☞ シンタックスの記述方法の詳細は 247 ページ「使えるシンタックス一覧」参照

また、SPSS で作成したデータは SPSS 24 のデータファイル形式以外にも、さまざまな形式で保存できます。

［名前を付けて保存］ダイアログボックスで、［次のタイプで保存］のドロップダウンリストから保存形式を選択し、［保存］ボタンをクリックします。

🖉 上のような保存形式が選択できます。SPSS データファイルには変数数とケース数に制限はありませんが、保存する形式によっては最大数が次のように決まっています。最大数を超えるデータは保存されないので注意しましょう。

保存形式

SPSS 形式

SPSS Statistics (*.sav) 7.5 より前のバージョンでは読み取れません。16 より前のバージョンで読み取りたい場合は下記の「SPSS Statistics ローカル エンコード (*.sav)」形式で保存します。

半角 8 文字を超える変数名は、10 より前のバージョンで開くと切り捨てられます。

半角 255 文字を超える文字列変数の値は、13 より前のバージョンで開くと複数の変数に分割されます。

SPSS Statistics 圧縮ファイル (*.zsav)
sav 形式より必要なディスク・スペースが少なくなります。21 より前のバージョンでは開けません。

SPSS Statistics ローカル エンコード (*.sav)
現在使用している言語のコードページ文字のエンコードで保存されます。

SPSS 7.0 (*.sav) 7.0 以前のバージョンで読み取れる形式。多重回答の定義は保存されません。

SPSS/PC + (*.sys) SPSS/PC + 形式。変数の最大数は 500。Windows のみ。ユーザー指定の欠損値を複数持つ変数は、すべて最初のユーザー欠損値に再割り当てされます。

Portable (*.por) 他のバージョンの SPSS、他のオペレーティング・システム (OS) 上の SPSS で読み取れる形式。変数名は半角 8 文字まで。※ 上記の「SPSS Statistics (*.sav)」形式であれば他の OS 上の SPSS でも読み取れるので、この形式で保存する必要はありません。

テキスト形式

タブ区切り (*.dat) タブで区切られた自由書式のテキストデータ。
カンマ区切りファイル (*.csv) カンマで区切られた自由書式のテキストデータ。
Fixed ASCII (*.dat) 固定書式のテキストデータ。

スプレッドシート形式

Excel 2.1 (*.xls) 変数の最大数 256、ケースの最大数 16,384。
Excel 97 ～ 2003 (*.xls) 変数の最大数 256 (超えるものは削除)、ケースの最大数は 65,356 (超えるものは複数のシートに分割)。

| Excel 2007 ～ 2010 (*.xlsx) | 変数の最大数は 16,000（超えるものは削除）、ケースの最大数は 1,000,000（超えるものは複数のシートに分割）。 |
| 1-2-3 (*.wk1/*.wk2/*.wk3) | Lotus 1-2-3 形式。複数のリリースに対応。変数の最大数 256、ケースの最大数 8,192。 |

その他

SYLK (*.slk)	シンボリックリンク形式。変数の最大数は 256。
dBASE (*.dbf)	dBASE 形式。バージョン II ～ IV、変数の最大数はそれぞれ 32、128、256。

他の統計解析パッケージ形式

SAS	SAS 形式。複数の OS、バージョンに対応。
Stata (*.dta)	Stata 形式。複数のバージョンに対応。

［変数ラベル］や［値ラベル］は SPSS データファイル上のみの機能であるため、他の形式で保存する場合、基本的には［変数名］や［値］そのものが書き出されますが、形式によっては保存する情報を選択することができます。各形式での対応状況は以下のとおりです。

形式	変数名の保存	変数ラベルの保存	値ラベルの保存	シートの追加・作成
タブ区切り (*.dat)	○		○	
カンマ区切り (*.csv)	○		○	
Fixed ASCII (*.dat)				
Excel 2.1 (*.xls)	○			
Excel 97 ～ 2003 (*.xls)	○	○	○	
Excel 2007 ～ 2010 (*.xlsx)	○	○	○	○
1-2-3 (*.wk1/*.wk2/*.wk3)	○			
SYLK (*.slk)	○			
dBASE (*.dbf)	○			
SAS	○	○		
Stata (*.dta)	○			

たとえば、Excel 2007 〜 2010 (*.xlsx) 形式で保存する場合、[ファイル] メニューの [名前を付けて保存] を選択します。以下のような [名前を付けてデータを保存] ダイアログボックスで、[次のタイプで保存] のドロップダウンリストから [Excel 2007 〜 2010 (*.xlsx)] を選択します。

変数名もしくは数ラベルを書き込みたいときは、[変数名をファイルに書き込み] にチェックし、[名前] もしくは [ラベル] を選択します。[データ値の替わりに定義場所のデータラベルを保存] にチェックすると、データ値ではなく、値ラベルが書き込まれます。

[シート名] に保存するシートの名前を入力できます（空欄のままの場合、ファイル名と同じシート名となります）。既存の Excel ファイルを選択して [シート名] に入力し、[既存のファイルにシートを追加] にチェックすると、シートを追加する形でデータを保存できます。

ほとんどの保存形式では、保存を実行すると書き出されたデータの情報（変数名やデータ型など）が出力ファイルに出力されます。保存しようとした変数やケースの数が選択した保存形式での最大数を超えていたり、変数名が適切でなかったりした場合は、データが切り詰められたことや変数名が変更されたことなども出力ファイルに記述されます。

特に SPSS データファイル以外の形式で保存した場合は、意図する形でデータが保存されたかどうか確認するようにしましょう。

Attention

完成した大切なデータがうっかり変更・削除されることを防ぐために、ファイルを読み取り専用にすることができます。[ファイル] メニューから [**ファイルを読み取り専用にマーク**] を選択します。 読み取り専用となったデータファイルでは、データの加工や、上書き保存をすることができません。
変更ができるようにするには、別のファイル名で保存するか、[ファイル] メニューから [**ファイルを読み取りおよび書き込み用にマーク**] を選択してください。

データセットをコピーする

　データをあれこれ加工している過程で、オリジナルのデータを開いたまま、テストで加工を試したり、加工途中のデータをひとまず別名で保存したい、といったときがあります。そのような場合、[**データ**] メニューの [**データセットのコピー**] を活用しましょう。
　アクティブデータセットとまったく同じデータセットが開くので、そのデータセット上で加工を試したり、変数ラベルを一時的に変更して出力したり（長い変数ラベルを一時的に短縮して見やすい表やグラフを作りたいときに便利です）、あるいはそのまま別名で保存したりすることができます。

データを複数に分割して保存する

　数値カテゴリ変数の値ごとに、データファイルを一度に保存することができます。たとえば、2 か月分の読者アンケートのデータを、月ごとの回答に分割して保存したいときなどに便利です。

　[データ] メニューの [複数のファイルに分割] を選択します。

　次のようなダイアログボックスが開くので、[ケース分割基準] に、データを分割する基準となる数値カテゴリ変数（この例の場合は [month]（月号））を投入します。

　ファイルの保存する場所を [出力ファイルディレクトリ] の [参照] ボタンで選びます。

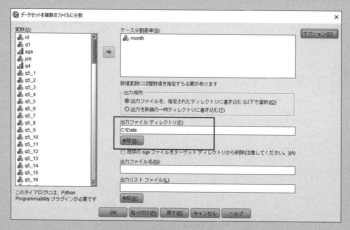

　さらに [オプション] ボタンをクリックすると、自動で付与されるファイル名のルールを選ぶことができます。

　たとえば、変数 [month] の持つカテゴリ値「2」（2月号）と「3」（3月号）について、値ラベルを利用して、「読者アンケート_2月号.sav」「読者アンケート_3月号.sav」というファイル名で保存したい場合、以下のように設定します。

　[出力ファイル名] で [分割変数値ラベルに基づく] にチェックします。[名前の接頭辞] で [ファイル名の最初の部分としてテキストを使用] にチェックし、[接頭辞テキスト] の空欄に「読者アンケート」と入力し、[続行] ボタンをクリックし、[OK] します。

　すると、C ドライブの Data フォルダに、「読者アンケート_2月号.sav」「読者アンケート_3月号.sav」というデータファイルが保存されます。

Technic SPSS ODBC ドライバの利用

240 ページで確認したように、SPSS のデータファイルはさまざまなデータ形式で保存することができます。

しかし、変数やケースの数がその保存形式の最大数を超えている場合は、いったん変数数やケース数に制限がないテキスト形式に保存したものを、目的のアプリケーションで読み込むといった手順が必要になります。

しかし、SPSS がさまざまな ODBC ドライバを介して他のデータベースのデータを読み込むことができる（☞ 107 ページ）ように、他のアプリケーションでも、SPSS の ODBC ドライバを利用して SPSS のデータを直接読み込むことができます。

たとえば、SPSS で作成したデータを Microsoft ACCESS に読み込みたい場合など、この SPSS ODBC ドライバを活用するとよいでしょう。

SPSS の ODBC ドライバは、「IBM SPSS Statistics Data File Driver」として提供されています。

使えるシンタックス一覧

＊これらのシンタックス例を実行できるサンプルデータとシンタックスファイルは、東京図書のホームページ http://www.tokyo-tosho.co.jp よりダウンロードできます。

＊表記をわかりやすくするため、半角スペースを入れたり、全角で表記したりしていますが、必ずしもスペースは必要なかったり、実際は全角ではシンタックスは動かなかったりします。

データファイルを開く

☞ 第 2 章 Section 3 （79 ページ）

GET FILE = 'ファイルの保存場所とファイル名'．

〔例 1〕 C ドライブの Data フォルダにある data.sav を開く

GET FILE = 'C：\Data\data.sav'．

データファイルの保存

☞ 第 5 章 Section 2 （239 ページ）

SAVE OUTFILE = 'ファイルの保存場所とファイル名'
　/KEEP 変数リスト
　/DROP 変数リスト
　/RENAME（元の変数名 = 新しい変数名）．

〔例 2〕 C ドライブの Data フォルダに data.sav として保存する

SAVE OUTFILE = 'C：\Data\data.sav'．

〔例 3〕 変数〔a〕〔b〕〔c〕を保存する

SAVE OUTFILE='C：\Data\data.sav'
　/KEEP a b c．

〔例 4〕 変数〔d〕以外の変数を保存する

SAVE OUTFILE='C：\Data\data.sav'
　/DROP d．

〔例 5〕 変数〔a〕を〔aa〕に、変数〔b〕を〔bb〕に変更して保存する

SAVE OUTFILE='C：\Data\data.sav'
　/RENAME（a =aa）（b =bb）．

変数定義

☞ 第 2 章 Section 1 （68 ページ）

変数名の変更

RENAME VARIABLES（元の変数名 = 新しい変数名）．

〔例 6〕 変数〔a〕を〔aa〕に、〔b〕を〔bb〕に、〔c〕を〔cc〕に変更する

RENAME VARIABLES
　（a = aa）（b = bb）（c = cc）．

変数ラベルの設定

VARIABLE LABELS 変数名 '変数ラベル'．

〔例 7〕 変数〔a〕に変数ラベル「aaaaa」を、〔b〕に「bbbbb」を、〔c〕に「ccccc」をつける

VARIABLE LABELS
　a 'aaaaa'
　/b 'bbbbb'
　/c 'ccccc'．

データ型の変更

FORMATS 変数リスト（変数の型）.

例8　数値型変数〔a〕の幅を「8」小数桁数を「0」に変更する
　　FORMATS a（F8.0）.

例9　数値型変数〔a〕〔b〕の幅を「8」小数桁数を「0」に、数値型変数〔c〕〔d〕〔e〕の幅を「10」小数桁数を「2」に、文字型変数〔x〕の幅を「20」に変更する
　　ALTER TYPE
　　　a b（F8.0）
　　　/c d e（F10.2）
　　　/x（A20）.

ユーザー指定の欠損値の設定

MISSING VALUES 変数リスト（値）.

例10　数値型変数〔a〕〔b〕の値「－1」、数値型変数〔c〕〔d〕〔e〕の値「0」と「9」、文字型変数〔x〕の値「xxx」を、ユーザー指定の欠損値に設定する
　　MISSING VALUES a b（－1）c d e（0,9）x（'xxx'）.

例11　変数〔c〕〔d〕〔e〕のユーザー指定の欠損値をクリアする
　　MISSING VALUES c d e（）.

例12　全変数のユーザー指定の欠損値をクリアする
　　MISSING VALUE ALL（）.

値ラベルの設定

VALUE LABELS 変数リスト 値 ' 値ラベル '.

例13　数値型変数〔a〕〔b〕の値「1」に値ラベル「LABELab1」値「2」に「LABELab2」、数値型変数〔c〕〔d〕〔e〕の値「1」に「LABELcde1」値「2」に「LABELcde2」値「3」に「LABELcde3」、文字型変数〔x〕の値「xxx」に「LABELxxx」をつける
　　VALUE LABELS
　　　a b
　　　1 'LABELab1'
　　　2 'LABELab2'
　　　/c d e
　　　1 'LABELcde1'
　　　2 'LABELcde2'
　　　3 'LABELcde3'
　　　/x
　　　'xxx' 'LABELxxx'.

列の幅の設定

VARIABLE WIDTH 変数リスト（列幅の値）.

例14　変数〔a〕〔b〕の列幅を「8」、〔c〕〔d〕〔e〕の列幅を「13」、〔x〕の列幅を「20」に設定する
　　VARIABLE WIDTH
　　　a b（8）
　　　/c d e（13）
　　　/x（20）.

配置の設定

VARIABLE ALIGNMENT 変数リスト（配置）．

✎ 配置 ⇒ LEFT：「左」
　　　　　CENTER：「中央」
　　　　　RIGHT：「右」

例15　変数〔a〕〔b〕の配置を「中央」に、〔c〕〔d〕〔e〕の配置を「右」に、〔x〕の配置を「左」に設定する
　　VARIABLE ALIGNMENT
　　　a b (CENTER)
　　　/c d e (RIGHT)
　　　/x (LEFT) .

測定尺度の設定

VARIABLE LEVEL 変数リスト（測定尺度）．

✎ 測定尺度 ⇒ SCALE：「スケール」
　　　　　　ORDINAL：「順序」
　　　　　　NOMINAL：「名義」

例16　変数〔a〕〔b〕を「名義」に、〔c〕〔d〕〔e〕を「スケール」に設定する
　　VARIABLE LEVEL
　　　a b (NOMINAL)
　　　/c d e (SCALE) .

役割の設定

VARIABLE ROLE (/ 役割 変数リスト) ．

✎ 配置 ⇒ INPUT：「入力」
　　　　　TARGET：「目標」
　　　　　BOTH：「両方」
　　　　　NONE：「なし」
　　　　　PARTITION：「区分」
　　　　　SPLIT：「分割」

例17　変数〔a〕〔b〕を「入力」に、〔c〕を「目標」に、〔d〕を「なし」に設定する
　　VARIABLE ROLE
　　　/INPUT a b
　　　/TARGET c
　　　/NONE d．

データの加工

☞ 第4章 Section 2（163ページ～）
　　　 Section 3（170ページ～）

計算

COMPUTE 計算式．

例18　変数〔c〕〔d〕〔e〕の値を合計し、変数〔f〕として保存する
```
COMPUTE f = c + d + e．
EXECUTE．
```

IF（条件式）計算式．

例19　変数〔b〕の値が「1」の場合、変数〔c〕〔d〕〔e〕の値を合計し変数〔f〕に保存する
```
IF（b = 1）f = c + d + e．
EXECUTE．
```

同一の変数への値の再割り当て

RECODE 変数リスト（今の値 = 新しい値）．

例20　数値型変数〔a〕と〔b〕の値「0」を「1」に、値「1」を「2」に、その他の値を「-1」に再割り当てする
```
RECODE a b （0 = 1）（1 = 2）（ELSE = -1）．
EXECUTE．
```

例21　数値型変数〔a〕と〔b〕の値「0」を「1」に、値「1」を「2」に、その他の値を「-1」に、文字型変数〔x〕の値「xxx」を「yyy」に再割り当てする
```
RECODE
    a b （0 = 1）（1 = 2）（ELSE = -1）
    /x（'xxx' = 'yyy'）．
EXECUTE．
```

他の変数への値の再割り当て

RECODE 変数名（今の値 = 新しい値）INTO 新しい変数名．

例22　数値型変数〔a〕の値「0」を「1」に、値「1」を「2」に、その他の値を「-1」に割り当て、数値型変数〔aa〕として保存する
```
RECODE
    a （0=1）（1=2）（ELSE=-1）INTO aa．
EXECUTE．
```

例23　文字型変数〔x〕の値「xxx」を「yyy」に、その他の値を「zzz」に割り当て、幅「20」の文字型変数〔xx〕として保存する
```
STRING xx（A20）．
RECODE
    x（'xxx' = 'yyy'）（ELSE = 'zzz'）INTO xx．
EXECUTE．
```

ユーザー指定の属性の作成

☞ 第 5 章 Section1（231 ページ）

新しい変数属性の作成

VARIABLE ATTRIBUTE
　　　　VARIABLES＝変数リスト
　　　　ATTRIBUTE＝属性名（'属性値'）.

例24　新しい属性「XYZ」を作成し、変数〔a〕〔b〕に「xxx」、変数〔c〕に「yyy」、変数〔d〕〔e〕に「zzz」の属性値を割り当てる

VARIABLE ATTRIBUTE
　　　　VARIABLES＝a b
　　　　ATTRIBUTE＝XYZ（'xxx'）
　　　　/VARIABLES＝c
　　　　ATTRIBUTE＝XYZ（'yyy'）
　　　　/VARIABLES＝d e
　　　　ATTRIBUTE＝XYZ（'zzz'）.

変数情報の表示

☞ 第 5 章 Section 1（234 ページ）

全変数情報の表示

DISPLAY DICTIONARY.

変数名の表示

DISPLAY NAMES.

変数名と位置の表示

DISPLAY INDEX.

変数名、変数ラベル、位置の表示

DISPLAY LABELS.

データファイルの解説

☞ 第 5 章 Section 1（235 ページ）

解説の設定

DOCUMENT 解説文.

解説の表示

DISPLAY DOCUMENTS.

解説の削除

DROP DOCUMENTS.

参考文献

[1] 『SPSSによる分散分析と多重比較の手順（第5版）』石村貞夫・石村光資郎 著．東京図書．2015

[2] 『SPSSによる多変量データ解析の手順（第5版）』石村貞夫・石村友二郎 著．東京図書．2016

[3] 『すぐわかる統計用語の基礎知識』石村貞夫・D. アレン・劉晨 著．東京図書．2016

[4] 『誰にでもできるSPSSによるサーベイリサーチ』Rodeghier, Mark 著．西澤由隆・西澤浩美 訳．丸善．1997

[5] 『心理学のためのデータ解析テクニカルブック』森 敏昭・吉田寿夫 編著．北大路書房．1990

[6] 『IBM SPSS Statistics Base 24』SPSS Inc.
（［ヘルプ］メニュー＞［PDF形式の資料］からダウンロードできます）

[7] 『トレーニングコーステキスト SPSS for Windows 初級コース』SPSS UK Ltd. 1998

[8] 『トレーニングコーステキスト SPSS for Windows 中級コース』SPSS UK Ltd. 1997

[9] 『SPSSによる統計処理の手順（第7版）』石村貞夫・石村光資郎 著．東京図書．2013

[10] 『SPSSでやさしく学ぶ統計解析（第5版）』石村貞夫・石村友二郎 著．東京図書．2013

[11] 『SPSSによる時系列分析の手順（第2版）』石村貞夫 著．東京図書．2006

[12] 『SPSSでやさしく学ぶ多変量解析（第5版）』石村貞夫・劉晨・石村光資郎 著．東京図書．2015

[13] 『SPSS完全活用法 データの視覚化とレポートの作成』酒井麻衣子 著．東京図書．2004

★ SPSSの出力ファイルの閲覧を可能にするSmart Reader19, 20 は、
以下のIBM Webサイトの技術情報ページのリンクからダウンロードできます。

技術情報：http://www-01.ibm.com/support/docview.wss?uid=swg21571528

・SmartViewer20
https://www-01.ibm.com/marketing/iwm/iwm/web/reg/signup.do?source=swg-tspssp&lang=en_US&S_PKG=dl

・SmartViewer19
https://www.ibm.com/services/forms/preLogin.do?source=swg-tspssp

索 引

太字は SPSS のコマンドを、[ ] 内はメニュー名を示す

記号・数字

**	146
~	129, 146
~ =	146
|	146
1-2-3	241

A～Y

ファイル拡張子

.csv	94, 240
.dat	94, 240
.dbf	241
.dta	241
.por	77, 240
.sav	240
.slk	241
.spo	77
.spv	77
.sys	240
.tab	94
.tpf	100
.txt	94
.wk1	241
.xls	83, 240
.xlsm	83
.xlsx	83, 241
.zsav	240

関 数

$casenum	67, 213
$Date	212
$Date11	212
$Jdate	212
$SYSMIS	207
$Time	212
ABS	206
ANY	213
ARSIN	206
ARTAN	206
CFVAR	206
CHAR.INDEX	210, 213
CHAR.LPAD	210
CHAR.RINDEX	210, 213
CHAR.RPAD	210
CHAR.SUBSTR	210
CHAR.MBLEN	210
CONCAT	210
COS	206
CTIME.関数	211
DATE.関数	211
DATEDIFF	212
DATESUM	212
EXP	206
LAG	213
LENGTH	210
LG10	206
LN	206
LNGAMMA	206
LOWER	210
LTRIM	210
MAX	206, 213
MBLEN.BYTE	210
MEAN	206
MEDIAN	206
MIN	206, 213
MISSING	207
MOD	206
NMISS	207
NORMALIZE	210
NTRIM	210
NUMBER	207
NVALID	207
RANGE	213
REPLACE	210, 213
RND	206
RTRIM	210
SD	206
SIN	206
SQRT	206
STRING	207
STRUNC	210
SUM	206
SYSMIS	207
TIME.関数	211
TRUNC	206
UPCASE	210
VALUE	207
VALUELABEL	213
VARIANCE	206
XDATE.関数	211, 212
YRMODA	212

シンタックス

BOTH	69
CENTER	69
COMPUTE	163, 172
DISPLAY	234, 235
DO IF	173
DOCUMENT	235
DROP	235, 239
ELSE IF	173
FORMATS	17, 69
INPUT	69

253

KEEP	239		107, 109	SYLK（*.slk）	241	
LEFT	69	IF［出現数の計算］	145	Text Wizard 定義済みフォーマッ		
MISSING VALUES	69	IF［同一の変数への値の再割り当		トファイル（*.tpf）	100	
NOMINAL	69	て］	137	Windows	76	
NONE	69	Legacy Viewer	78			
ORDINAL	69	Linux	76	**あ**		
PARTITION	69	Mac OS	76			
RECODE	155, 170, 171	not	146	値	18	
RENAME VARIABLES	69	ODBC Microsoft Excel セットア		―［変数ビュー］	40	
RIGHT	69	ップ［データベースを開く］	110	―の位置を設定	46	
SAVE OUTFILE	239	ODBC 経由の読み込み	107	―の数をヨコにカウント	144	
SCALE	69	ODBC データソースアドミニスト		―の再割り当て［変換］		
SPLIT	69	レータ			24, 134, 136, 138	
TARGET	69	［データベースウィザード］	108	―の定義［出現数の計算］	144	
VALUE LABELS	69	ODBC ドライバ	107, 245	―の入力のコツ	21	
VARIABLE ALIGNMENT	69	ODBC ドライバログイン		―を入れ替える	136	
VARIABLE ATTRIBUTE	231	［データベースウィザード］	86	―を置き換える	134	
VARIABLE LABELS	69	OLAP キューブ［報告書］	149, 227	―をグループ化	138	
VARIABLE LEVEL	69	or	146	―を反転する	162	
VARIABLE ROLE	69	Oracle	107	―を変更する	137	
VARIABLE WIDTH	69	OS	76	値ラベル	18, 40, 65	
VARIABLES	234	Portable（*.por）	77, 240	新しいユーザー指定の属性		
		SAS	241	［データ］	47, 230	
その他		Smart Reader	78	アンケートデータ	4	
ACCESS	107, 245	Solaris	76	異常値の発見	118	
AIX	76	SPSS Statistics（*.sav）	240	移動（変数の）	225, 228	
Custom Tables	31, 36, 47, 65	SPSS Statistics 圧縮ファイル		移動［変数］	234	
CSV データ	94, 105	（*.zsav）	240	移動中央値［時系列の作成］	159	
dBASE	107, 241	SPSS Statistics での日付と時刻		入れ換え（値を）	136	
Decision Trees	47, 65	の表記方法の詳細		入れ換え（行と列を）	177	
DO IF – ELSE IF 論理構造		［日付と時刻ウィザード］	214	印刷（データの）	236	
	163, 173, 176	SPSS Statistics ローカルエンコー		インポートするケース数	96	
Excel ファイルの読み込み		ド（*.sav）	240	内枠結合		
（データを開く）	84	SPSS/PC +（*.sys）	240	［データベースウィザード］	90	
EXCEL データを読み込む	81	SPSS7.0（*.sav）	240	大文字	10, 52	
EXCEL に保存	240	SPSS データの互換	76	置き換え（値の）	134	
Fixed ASCII（*.dat）	240	SQL Server	107	置き換え（欠損値の）	156	
IBM SPSS Data Access Pack		Stata（*.dta）	241	同じ値に対する同順位		

［ケースのランク付け］		152
オプション［編集］	12, 25, 43, 53	
オペレーティング システム		76
重み付け	73, 182	

か

回帰［欠損値の置き換え］	157
下位互換	77
解説をつける（データに）	234
回答の処理	27, 30, 114, 124, 127
カウントする（値の出現数を）	144
科学的表記法	18
科学的表記法［型］	41
拡張機能	36
拡張ハブ	36
確率密度	208
型	41
型［変数ビュー］	41
型とラベル［変数の計算］	147, 161
カテゴリコード化	30, 31
カテゴリコード化多重回答グループの設定方法	32, 34
カテゴリ値に数値を割り当てる際のポイント	21, 24
カテゴリデータ	118
カテゴリラベルのコピー元	35
関数	146, 205
関数グループ	
CDFと非心度CDF	208
PDFと非心度PDF	208
逆分布関数	208
欠損値	207
現在の日付と時刻	212
検索	213
算術	206
算術日	212
時間の長さの作成	211

時間の長さの抽出	211
その他	213
統計	206
日付作成	211
日付抽出	212
変換	207
文字列	210
有意確率	208
乱数	208
カンマ	18
カンマ［型］	41
カンマ区切りファイル（*.csv）	240
季節差分［時系列の作成］	159
既存の変数を元に新しい変数を作成する	138
起動（SPSSの）	56
キー変数	200
逆スケール	143
行（データの）	2
共通した連続値を割り当てる	
［連続数への再割り当て］	155
行と列の入れ換え［データ］	177
空白	10, 13
空白値（欠損値）	46, 138
区切り文字	93, 103
区分［役割］	47
グループ化	
値を ―	138
同じケース数に ―	148
条件ごとに ―	174
変数を ―	140
変数を組み合わせて ―	176
量的変数を ―	142
グループごとに集計する	179
グループ集計［データ］	179, 186
クロス集計表［記述統計］	75, 124
クロス集計表［多重回答］	37, 38
計算式を変数ラベルにする	147

計算をする（条件ごとに異なる）	175
系列平均［欠損値の置き換え］	157
ケース	2, 3
― に順位をつける	150
― の重み付け［データ］	73, 75
― の重み付けの合計	
［ケースのランク付け］	153
― の数［グループ集計］	181
― の選択［データ］	123, 129
― の選択：IF 条件の定義	
［データ］	123, 125
― の追加［ファイルの結合］	194
― の追加先［ファイルの結合］	
	194
― の並べ替え［データ］	198
― の要約［報告書］	123
― のランク付け［変換］	150, 164
― のランク付け：手法の選択	
［変換］	153, 164
― のランク付け：同順位の処理	
［変換］	152
― を限定する	
（フィルタ変数の作成）	164
― を削除する	128
― を分析から除外する	128, 164
結合（ファイルの）	194
結合型	
［データベースウィザード］	90
欠損値	
26, 45, 65, 127, 155, 163, 182	
―［変数ビュー］	45, 65
― 関数	207
― に値を割り当てる	156
― の置き換え［変換］	156
― の設定	65
検索［編集］	122
検索関数	213

検索と置換［検索］	122	
合計［グループ集計］	182	
降順	143, 150	
構成［データベースウィザード］	109	
高度なオプション（テキストウィザード）	106	
互換（バージョン間、OS対応版間、出力ファイル）	77	
顧客管理データ	5	
固定書式	93, 95	
固定書式	95	
コピー（データセットの）	243	
コピー（変数の）	62	
コピー（変数の型の）	64	
個別の欠損値［欠損値］	45	
小文字	10, 52	
コマンドシンタックス	68	
コレスポンデンス分析	38	

さ

「最近使ったデータ」表示ファイル数の変更	80	
最近使ったファイル	57	
最後［グループ集計］	182	
最高［ケースのランク付け］	152	
再構成データウィザード［再構成］	187	
最初［グループ集計］	182	
最小値	118	
―（関数）	206	
―［グループ集計］	182	
―［度数分布表］	120	
最大値	118	
―（関数）	206	
―［グループ集計］	182	
―［度数分布表］	120	

最大文字数	10, 20
最低［ケースのランク付け］	152
削除（ケースの）	128
削除（変数の）	224, 228
差分［時系列の作成］	158, 159
サベージスコア ［ケースのランク付け］	153
算術関数	206
時間	19, 41, 211
時間値	211
時系列データ	8, 156
―を加工する	158
時系列データのデータセットへの周期の割り当て ［日付と時刻ウィザード］	221
時系列の作成［変換］	158
時系列変換関数［時系列の作成］	159
時刻データの加工	214
システム欠損値	26, 85, 134, 138, 207
実験データ	6
実行［シンタックスエディタ］	51
質的変数	165
自動的にテーブルを結合 ［データベースウィザード］	89
自動ラベル ［変数プロパティの定義］	70
尺度	12, 47, 65, 69
―［オプション］	12
―［変数ビュー］	12, 47, 65, 69
周囲中央値［欠損値の置き換え］	157
周囲平均値［欠損値の置き換え］	157
自由記述回答の一覧表を作成する	237
集計（グループごとに）	179
集計関数	182
自由書式	93, 101, 105

自由書式	102
修正（データの）	122
重複ケースの特定［データ］	183
出現数の計算［変換］	127, 144
出現数の計算：IF条件［変換］	145
出現数の計算：集計する値の指定 ［変換］	145
出力ファイルの閲覧	78
出力ファイルの互換性	77
手法［ケースのランク付け］	153
順位	150
順位［ケースのランク付け］	153
順序［尺度］	12, 47, 65
上位互換	77
使用可能なテーブル ［データベースウィザード］	87
昇順	143, 150
小数桁数［型］	41
小数桁数［変数ビュー］	45, 64
小数桁数の設定	64
小数点つき順位 ［ケースのランク付け］	153
小数点つき順位パーセント（%） ［ケースのランク付け］	153
商品管理データ	5
除去［他の変数への値の再割り当て］	141
新規クエリー ［データベースを開く］	86, 107
新規データセット	57
新規データベース照会	57
シンタックス	50, 68, 247
―（DO IF – ELSE IF論理構造）	173
―（データファイルに解説をつける）	235
―（ファイルを開く）	79
―（ファイルを保存）	239

―（変数定義）	68
― の機能	50
― を参照	53
― を実行	51
― を自動生成する	51
― を入力	52
― を編集	52
― を保存	53
シンタックスエディタ	50
数式［変数の計算］	146
数値	18
数値［型］	41
数値型	18, 21
スキーマ	155
スキャン	
［変数プロパティの定義］	70
スケール［尺度］	12, 47
図表ビルダー［グラフ］	47, 65
スプレッドシート形式で保存	240
スペース（シンタックス中の）	52
すべてのデータを置き換える	
［再構成］	193
すべての変数に同一の値の再割り当てスキーマを使用［連続数への値の再割り当て］	155
正規スコア［ケースのランク付け］	153
制限付き数値	19
西暦	23, 25
全角	10, 13, 20, 52
線型補間［欠損値の置き換え］	157
先行移動平均［時系列の作成］	159
選択されたケースを変数に再構成する［再構成］	191
選択された変数をケースに再構成する［再構成］	187
挿入（変数の）	61
属性値	230

属性の値で変数を並べ替える	232
属性の表示・非表示	229
測定尺度	65
測定の尺度	12
その点における線型トレンド	
［欠損値の置き換え］	157

た

対応 OS	76
対象［役割］	47
多重回答	15, 30, 32, 115
―［分析］	31, 32
― グループ	34, 63, 67
― グループラベル	60
― 形式	60
多重カテゴリグループの変換	36
縦持ち	5, 9
縦持ちデータを横持ちに変換する	185
他の変数への値の再割り当て［変換］	138, 140, 169, 170
他の変数への値の再割り当て：今までの値と新しい値［変換］	139, 140, 169
タブ区切り（*.dat）	240
ダミー変数	165
― を作成［変換］	166, 185
地域情報データ	5
中央値［グループ集計］	182
抽出するケースの制限	
［データベースウィザード］	91
中心化移動平均［時系列の作成］	159
重複（ケースの）	5
重複（変数名の）	10
追加（ケースの）	194
追加（変数の）	198

通貨フォーマット	19, 43
次のタイプで保存	
［ファイルの保存形式］	239
データエディタ	2, 56
データ型	18, 23, 41, 64
データ構造	3, 72
データソース	86, 108
データソースの新規作成	
［データベースウィザード］	109
データセットのコピー［データ］	243
データセットの比較［データ］	48
データに解説をつける	234
データのインポート［ファイル］	86, 94, 107
データのクリーニング	118
データのグループ集計	
［グループ集計］	179, 186
データのグループ集計：集計関数の定義［グループ集計］	180
データのグループ集計：変数名とラベル［グループ集計］	180
データの修正	122
データの整形	
（EXCEL データの整形）	81
データの整理	224
データの選択	
［データベースウィザード］	87
データの保存	77, 238
データビュー	2, 39
データファイル情報の表示	
［ファイル］	233
データファイル情報をコピー	71
データファイルの結合	194
データファイルのコメント	
［ユーティリティ］	234
データファイルの作成	
（既存の変数定義を持った）	71

索引 257

データベース［ファイル］ 86, 107	［ファイル］ 238	半角 10, 20, 52
データベースウィザード 86, 107	名前を付けて保存［ファイル］ 238	反転（値を） 162
データを開く［ファイル］ 79, 83, 94	並べ替え［ケースの並べ替え］ 198	非該当（欠損値） 27, 29
データを分割して保存 244	二元配置の分散分析 6, 7	ヒストグラム 118, 120
テキストインポートウィザード	二項ロジスティック回帰分析 165	左外枠結合
［テキストデータの読み込み］ 95, 101	2値で表したデータ 165	［データベースウィザード］ 90
テキスト形式で保存 240	2値変数に変換する 169, 170	日付 19, 41
テキスト形式のデータ 93	2分コード化 30, 31, 63	── および時刻の関数 211
テキストデータ［ファイル］ 94	2分コード化多重回答グループの設定方法 33, 35	── 型の設定 42
同一の変数への値の再割り当て［変換］ 134, 136, 137	入力	── 書式の数値 212
同一の変数への値の再割り当て：IF条件［変換］ 137	──［役割］ 47	── データの加工 214
同一の変数への値の再割り当て：今までの値と新しい値［変換］ 135	──（値の入力のコツ） 21	── と期間の加算または減算
統計関数 206	──（すべてのケースに同じ値を） 160	［日付と時刻ウィザード］ 218
同順位［ケースのランク付け］ 152	──（多重回答の入力形式） 30	── と時刻ウィザード
特殊文字 10	──（直接入力） 56	［変換］ 214
独立変数 165	──（ドロップダウンリストから選択して） 66	── と時刻で計算
度数データ 72	──（変数名の） 61	［日付と時刻ウィザード］ 217
度数分布表 118	──（変数ラベルの） 63	── の定義
──［記述統計］ 51, 119, 120, 126	── 方向 66	［日付と時刻ウィザード］ 221
──［多重回答］ 37	── ミスの発見 118	── 変数または時刻変数の一部を抽出
──：図表の設定［記述統計］ 120	入力値の比較 48	［日付と時刻ウィザード］ 221
──：統計［記述統計］ 120	年号 25	── または時刻部分を保持する変数から日付時刻変数を作成
ドット 18, 46	年齢を算出 212	［日付と時刻ウィザード］ 216
ドット［型］ 41		── または時刻を含む文字列から日付時刻変数を作成
ドライバ 109, 245	**は**	［日付と時刻ウィザード］ 214
ドル記号 19, 43	配置［変数ビュー］ 46, 65	ピボットテーブルのラベル付け
	バージョン（SPSSの） 76	［オプション］ 12, 20
な	パーセンタイル 148, 153	百分位［ケースのランク付け］ 153
なし［役割］ 47	幅［型］ 41, 44	ビューア［オプション］ 53
ナビゲーション画面 57	幅［変数ビュー］ 44, 64	表示方法の変更
名前［変数ビュー］ 39	幅の設定 64	（出力結果の値） 20
名前の変更［ケースの追加］ 196	貼り付け（変数の） 62, 64	表示方法の変更
名前を付けてデータを保存	範囲に個別の値をプラス［欠損値］ 46	（出力結果の変数） 12
		表示方法の変更（ダイアログボックスの変数リスト） 12

表示順（出力結果のカテゴリ値） 24	［重複ケースの特定］ 184	― のコード化様式［多重回答］ 32, 33
標準偏差［グループ集計］ 182	ブレーク変数 181	― の挿入［変数ビュー］ 61
開く	分割［役割］ 47	― の追加［ファイルの結合］ 198
EXCEL ファイルを ― 83	分割（データビューの） 225	
SPSS ファイルを ― 78	分割点［連続変数のカテゴリ化］ 143	― の追加先［ファイルの結合］ 199
シンタックスエディタを ― 50	分析に適さないデータ 126	― の定義［データベースウィザード］ 92
データベースウィザードから ― 86	分布関数 208	― の定義情報を表示・出力する 233
ピリオド 10, 52	平滑化［時系列の作成］ 159	― の並べ替え［データ］ 232
比率推定値［ケースのランク付け］ 153	平均［ケースのランク付け］ 152	― の貼り付け［変数ビュー］ 62
	平均［グループ集計］ 182	
ビン分割する変数 142, 148	べき乗 146	― の表示方法（出力結果） 12
ファイル	変換	― を移動する（データビューで） 224
― の結合［データ］ 198	― （変数の型を） 207	
― の種類［開く］ 83, 94	― （縦持ちデータを横持ちに） 185	― を移動する（変数ビューで） 228
― の場所［開く］ 83	― （文字型変数を整数値に） 154	― をグループ化して新しい変数を作成する 140
― の保存形式 240	― （文字型変数を2値変数に） 169	
― を保存 77, 238	― （連続した値に） 154	― を区切る 97
― を読み取り専用にする 243	変換関数 207	― を組み合わせてグループ化する 176
フィルタ変数を作成する 164	変更［他の変数への値の再割り当て］ 139	
フォントサイズの変更 67		― を削除する（データビューで） 224
複数の回答（多重回答） 30	変更（値を） 137	
複数のファイルに分割［データ］ 244	変数 2, 3	― を削除する（変数ビューで） 228
	― ［ユーティリティ］ 233	― を作成（新しい変数） 16
不正回答（欠損値） 27, 29, 114	― （必要な変数だけをリストする） 226	― を作成（ダミー変数） 165, 168
不整合の発見 124	― の加工 132, 160	
不正データ 122	― の数をケースごとに数える 144	― を作成（単一の値の入った変数） 160
2桁の年数をとる西暦範囲の設定［オプション］ 25	― の型［変数ビュー］ 41	― を作成（フィルタ変数） 164
2つの期間の減算［日付と時刻ウィザード］ 220	― の型を変換する 207	― を制御（変数リストに表示する変数） 226
2つの日付間の時間単位数の計算［日付と時刻ウィザード］ 219	― の計算［変換］ 67, 146, 160, 162, 172, 175	― を属性の値で並べ替える 232
ブックの選択［データベースウィザード］ 110	― の計算：型とラベルの定義［変換］ 147	― を変換（文字型変数を2値変数に） 169
不等号 146	― の構成を決定する 60	
プライマリケース		

索引 259

変数グループの使用
　［ユーティリティ］　　　227
変数グループの定義［多重回答］
　　　　　　　　　　　32，33
変数グループの定義
　［ユーティリティ］　　　226
変数属性を作成する　　　230
変数定義　　　　　　61，70，71
変数プロパティの定義［データ］70
変数ビュー　　　　　　2，39，61
変数名　　　　　　10，13，23，39
変数名のつけ方　　10，13，16，82
変数名の入力　　　　　　　61
変数ラベル 10，13，23，39，60，147
変数ラベルの入力　　　　　63
変数リストに表示する変数を制御
　する　　　　　　　　　226
変数リスト表示方法（ダイアログ
　ボックスの変数リスト）　12
報告書［分析］　　123，149，227
保存
　─（クエリーの）　　　　92
　─（データの）　　　77，238
　─（分析の過程をシンタックス
　　として）　　　　　　　53
　─形式　　　　　　　　240

ま

右外枠結合
　［データベースウィザード］　90
無回答（欠損値）　　　　27，29
名義［尺度］　　　　12，47，65
文字型関数　　　　　　　210
文字型変数　　　　　　169，210
　─の幅を合わせる　　　204
文字数（変数名、変数ラベルの）10
文字列　　　　　　　19，44，210

や

役割［変数ビュー］　　　　47
ユーザー DSN
　［データベースウィザード］109
ユーザー指定の欠損値
　　　　26，45，114，139，207
要約統計量　　　　　　　182
横持ち　　　　　　　5，9，185
読み込む
　─（EXCEL）　　　　　81
　─（データベース）　　107
　─（テキストデータ）　　94

ら

ラグ［時系列の作成］　　159
ラベル［値］　　　　　　40
ラベル［変数ビュー］　　　39
ラベル中の変数の表示
　［オプション］　　　　　12
ラベル中の変数値の表示
　［オプション］　　　　　20
乱数変数　　　　　　　　208
リード［時系列の作成］　159
離散分布　　　　　　　　209
量的データ　　　　　　　118
量的変数　　　　　　　　165
量的変数をグループ化　　142
両方［役割］　　　　　　47
リレーションシップの指定
　［データベースウィザード］89
累積確率　　　　　　　　208
累積集計［時系列の作成］159
列（データの）　　　　　　2
列［変数ビュー］　　　46，65
列の設定　　　　　　46，65
列幅　　　　　　　　46，65
連続した値に変換する　　154
連続数への再割り当て［変換］
　　　　　　　　　　24，154
連続分布　　　　　　　　209
連続変数のカテゴリ化［変換］
　　　　　　　　　　142，148
連番変数名　　　　　　　17
連番を付ける（ケースに）　67
ログの中にコマンドを表示
　［オプション］　　　　　53

■著者略歴

酒井 麻衣子（さかい まいこ）

1997年 京都大学 教育学部 教育心理学科卒業。
2009年 法政大学 経営学研究科 経営学専攻 博士後期課程修了。博士（経営学）。
複数の民間企業でデータマイニング、レコメンドエンジンの開発、データ分析コンサルティング、顧客マーケティング等に携わる。
2005年より、多摩大学 経営情報学部 准教授。
2017年より、中央大学 商学部 准教授。

ＳＰＳＳ完全活用法
データの入力と加工（第4版）

2001年 5月25日　第1版第1刷発行
2005年 7月25日　第2版第1刷発行
2011年 1月25日　第3版第1刷発行
2016年 9月25日　第4版第1刷発行
2023年 5月25日　第4版第4刷発行

© Maiko Sakai, 2001, 2005, 2011, 2016
Printed in Japan

著　者　酒井 麻衣子
発行所　東京図書株式会社

〒102-0072　東京都千代田区飯田橋3-11-19
振替00140-4-13803 電話03(3288)9461
http://www.tokyo-tosho.co.jp/

ISBN 978-4-489-02247-0

●書き込み式で身につける統計解析の考え方

改訂版 すぐわかる統計解析

石村貞夫・石村友二郎 著　　定価2420円　ISBN 978-4-489-02310-1

●公式と例題を見比べて、マネして実感、するりと理解！

改訂版 すぐわかる多変量解析

石村貞夫・石村光資郎 著　　定価2420円　ISBN 978-4-489-02336-1

●データの型から統計処理の手法を選ぼう！

すぐわかる統計処理の選び方

石村貞夫・石村光資郎 著　　定価2640円　ISBN 978-4-489-02083-4

●コトバがわかれば統計はもっと面白くなる

すぐわかる統計用語の基礎知識

石村貞夫・Dアレン・劉晨 著　　定価3080円　ISBN 978-4-489-02233-3

●医学系の統計手法を網羅

SPSSによる医学・歯学・薬学のための統計解析　第5版

石村光資郎・久保田基夫 著　　石村貞夫 監修
　　　　　　　　　　　　　定価3520円　ISBN 978-4-489-02384-2

●クリックするだけの統計入門

SPSSによる臨床心理・精神医学のための統計処理　第2版

石村貞夫・加藤千恵子・石村友二郎 著
　　　　　　　　　　　　　定価3080円　ISBN 978-4-489-02225-8

東京図書

●すべての疑問・質問にお答えします！

入門 はじめての統計解析

石村貞夫 著　　定価 2640 円　ISBN 978-4-489-00746-0

●多変量解析とはこういうことだったのか

入門 はじめての多変量解析

石村貞夫・石村光資郎 著　　定価 2640 円　ISBN 978-4-489-02000-1

●公式と例題を見比べながら計算しよう！

入門 はじめての分散分析と多重比較

石村貞夫・石村光資郎 著　　定価 3080 円　ISBN 978-4-489-02029-2

●尤（もっと）もらしさを確率で表現する

入門 はじめての統計的推定と最尤法

石村貞夫・劉晨・石村光資郎 著　　定価 3080 円　ISBN 978-4-489-02070-4

●時系列分析で近未来を予測する

入門 はじめての時系列分析

石村貞夫・石村友二郎 著　　定価 3080 円　ISBN 978-4-489-02125-1

東京図書